中国－东盟环境合作

——区域绿色发展转型与合作伙伴关系

郭 敬 主编

中国环境出版社·北京

图书在版编目（CIP）数据

中国—东盟环境合作：区域绿色发展转型与合作伙
伴关系/郭敬主编. —北京：中国环境出版社，2014.7
ISBN 978-7-5111-1930-8

Ⅰ．①中⋯　Ⅱ．①郭⋯　Ⅲ．①环境保护—国际
合作—概况—中国、东南亚国家联盟　Ⅳ．①X-12
②X-133

中国版本图书馆 CIP 数据核字（2014）第 137940 号

出 版 人　王新程
责任编辑　殷玉婷
责任校对　唐丽虹
封面设计　宋　瑞

出版发行　**中国环境出版社**
　　　　　（100062　北京市东城区广渠门内大街 16 号）
　　　　　网　　　址：http://www.cesp.com.cn
　　　　　电子邮箱：bjgl@cesp.com.cn
　　　　　联系电话：010-67112765（编辑管理部）
　　　　　　　　　　010-67187041（学术著作图书出版中心）
　　　　　发行热线：010-67125803，010-67113405（传真）
印　　刷　北京中科印刷有限公司
经　　销　各地新华书店
版　　次　2014 年 7 月第 1 版
印　　次　2014 年 7 月第 1 次印刷
开　　本　787×960　1/16
印　　张　10.5
字　　数　200 千字
定　　价　59.00 元

编 委 会

主　编

郭　敬

执行主编

周国梅

责任主编

彭　宾

编　委

贾　宁　国冬梅　李　霞　李　博　刘　平

王语懿　田　舫　闫　枫　汉春伟

前　言

2013 年是中国与东盟建立面向和平与繁荣的战略伙伴关系 10 周年，也是中国和东盟启动环境政策对话的第 10 个年头。在中国和东盟领导人重视下，中国和东盟的环境合作取得了明显的进展，逐渐成为南南环境合作新范式，丰富了中国和东盟之间合作的内容。中国和东盟的环境合作是中国—东盟合作框架下优先合作领域之一，得到了中国和东盟领导人重视与支持。中国—东盟环境合作论坛是《中国—东盟环境合作行动计划》中的重要内容，由中国和东盟方面共同发起，于 2011 年在中国广西南宁启动。2011 年论坛、2012 年论坛分别在南宁和北京举办，搭建了中国和东盟环保高层政策对话平台，宣传了中国环保政策与进展，增进了国际社会对中国环境保护的了解，扩大了中国和东盟环境合作的影响，受到国内外各方关注。

作为中国与东盟建立战略伙伴关系 10 周年系列纪念活动和第十届中国—东盟博览会重要活动内容之一，"中国—东盟环境合作论坛：区域绿色发展转型与合作伙伴关系"于 2013 年 9 月在广西桂林举办。论坛由环境保护部和广西壮族自治区人民政府共同主办，东盟秘书处支持，中国—东盟环保合作中心和广西壮族自治区环境保护厅承办，中国—东盟博览会秘书处协办。来自东盟秘书处和东盟各成员国环境部门的高级官员、专家、联合国环境规划署、亚洲开发银行等国际机构代表，以及我国环保部门、国内专家、学者和企业界代表共计 200 余人出席了论坛。

论坛包括开幕式和高层政策对话、区域绿色发展转型政策与实践、构建绿色发展转型伙伴关系、中国－东盟环保产业合作圆桌会、闭幕式 5 个部分。参会嘉宾和代表总结、交流了区域绿色发展转型与合作伙伴关系的成功经验和教训，探讨了当前国际形势及面临的机遇和挑战，提出了一系列应对环境破坏、资源紧缺、生态退化等生态环境问题的主张，达成了广泛共识。通过圆桌会议，中国和东盟国家的企业代表交流分享信息和经验，为今后的合作打下了基础。

本书在论坛发言和讨论的基础上整理编写而成，旨在与广大的读者分享论坛成果，了解中国－东盟环境保护合作进程，从而更好地支持和推进中国与东盟环境保护合作工作，促进区域可持续发展。

编委会

2014 年 5 月

深化环境合作，共促绿色发展①

（代序一）

李干杰

一、中国在生态文明与环境保护领域取得的主要进展

当前，国际局势正在发生深刻变化，气候变化、能源资源安全、生物多样性保护等全球性资源环境问题的挑战日益严峻。同时，新一轮产业和科技变革方兴未艾，绿色发展、低碳发展、循环发展正成为新的发展趋势和时代潮流。中国政府提出的加强生态文明，建设美丽中国的战略目标，与此紧密联系、高度契合。目前，中国在生态文明与环境保护领域取得的进展包括：

（一）树立尊重自然、顺应自然、保护自然的生态文明理念

中国政府历来高度重视节约资源和保护环境，积极探索具有中国特色的生态文明发展道路，并取得了显著成绩。中国共产党十八大首次把生态文明建设纳入中国特色社会主义建设"五位一体"的总体布局，提出了大力推进生态文明建设、建设美丽中国、实现中华民族永续发展的总体要求。建设生态文明，实质上就是要建设以资源环境承载力为基础、以自然规律为准则、以可持续发展为目标的资源节约型、环境友好型社会。中国提出的生态文明理念引起了国际社会的广泛关注，在 2013 年 2 月召开的联合国环境署第 27 次理事会上，被正式写入决定案文。

① 本文为环境保护部副部长李干杰在 2013 年中国－东盟环境合作论坛上的致辞，有所删节。

（二）加大环境保护和生态建设的力度，探索在保护中发展，在发展中保护的环境保护新路

用生态文明观念来看环境问题，其本质是空间布局、产业结构、生产方式和生活方式问题。从根本上解决环境问题，必须从生产、流通、消费的再生产全过程入手，制定和完善环境经济政策。"十一五"以来，我们采取了一系列强力污染减排措施，取得了明显成效。2010 年全国化学需氧量排放量较 2005 年下降了12.45%，二氧化硫下降 14.29%，均超额完成减排任务。中国城市污水处理率由2005 年的52%提高到 2012 年的 84.9%；燃煤电厂脱硫机组比例由 2005 年的12%提高到 2012 年的 90%。相比 2005 年，2010 年全国地表水化学需氧量浓度下降了31.9%，113 个重点城市空气中二氧化硫浓度下降了 26.3%。"十二五"环境保护规划也在顺利推动实施，据最新数据统计，今年上半年主要污染物排放量持续下降。客观而言，中国在保持经济增长的同时，在环境保护方面取得上述成绩实属不易，为此付出了很大努力。

（三）抓住重点，着力改善环境质量，解决公众关心的环境问题

面对当前突出的大气、水等环境污染问题，我们坚持预防为主、综合治理，强化对水、大气、土壤等的污染防治，着力推进重点流域和区域水污染防治。我国政府出台了《大气污染防治行动计划》，聚焦关键，科学施策。我们还将研究出台一系列环境污染防治行动计划，包括以饮用水安全保障为重点，加强重点流域和地下水污染防治；以解决农村生态环境问题为重点，深入推进农村环境连片整治和土壤污染治理。

二、积极推进绿色发展，为全球生态安全作出贡献

中国的生态文明建设是开放的、包容的、共赢的。中国政府一贯支持加强环境保护国际合作，在环境保护领域形成了一系列制度化合作机制，中国－东盟环境合作是其中重要的合作机制。今年是中国－东盟建立战略伙伴关系十周年，中国政府十分重视发展同东盟的关系，目前，中国是东盟第一大贸易伙伴，东盟是中国第三大贸易伙伴。双方在国际和地区事务中相互理解，努力发展睦邻友好和互利共赢的合作关系。推动区域经济、社会环境相互协调融合，实现区域可持续

发展，一直是中国—东盟对话与合作的主旋律。

自 2010 年中国—东盟环境保护合作中心成立以来，双方通过了环境合作战略，制定了合作行动计划（2010—2013 年），启动了中国—东盟绿色使者计划，重点推进了生物多样性保护、环境产业与技术交流、环境与发展伙伴关系与能力建设等领域的合作。目前，在双方的共同努力下，合作行动计划第一期已经取得了阶段性成果。双方的成功合作探索出了卓有成效的区域环境保护合作的模式。成功的合作模式为未来的合作打下了良好的基础，为进一步加强中国—东盟环境保护合作，共促区域绿色发展，未来应重点开展如下工作：

（一）积极探索后里约+20 环境与发展之路，共促绿色发展

里约+20 环境发展会议对世界可持续发展起着重要作用，是国际社会探索绿色经济发展的里程碑。绿色经济是经济增长的引擎，不仅创造就业机会，也是消除贫困的关键。历史性的转变正在展开，中国与东盟国家应共同抓住机遇。尽管世界可持续发展仍然面临着许多严峻的挑战，从脆弱的生态系统和环境退化到资源的限制，但得益于各国为促进新技术和新能源发展所做出的努力，中国与东盟国家在绿色发展进程中也将具有独特的后发优势与空间。在后里约+20 时代，我们愿继续加强区域绿色发展合作，交流环境保护政策与良好实践，丰富绿色经济的发展内涵，实现美丽亚洲的梦想。

（二）构筑生态文明，建设合作伙伴关系，实现互利共赢

中国—东盟环境合作是"南南合作"的实践与探索。我们要继续利用中国—东盟博览会的合作平台，发挥广西在合作中的"桥头堡"作用，在打造中国—东盟自贸区升级版、推进区域全面经济伙伴关系建设中，抓住机遇，推动企业开展环境产品和服务的贸易和投资合作。搭建中国—东盟环保产业合作平台与框架，推动建立中国—东盟环保技术和产业合作示范基地，构筑生态文明、绿色发展的区域合作伙伴关系。

（三）充分发挥平台作用，深化务实合作

继续发挥好中国—东盟环境保护合作中心的平台、桥梁和窗口作用。逐步将中国—东盟环境保护合作中心打造为区域环境与发展国际合作的平台，围绕合作

战略所确定的合作目标和优先领域，开展务实对话与合作。希望各国积极配合，推动中国－东盟环境合作行动计划第二期（2014—2015 年）尽早批准并启动实施，继续加强环境政策高层对话、公众环境意识与环境教育、生物多样性与生态保护、环境友好技术与产业、联合政策研究等合作，同时，积极探讨新的合作内容和方式，不断丰富合作内涵。

共推绿色发展　共建美好家园^①

（代序二）

蓝天立

一、广西推动绿色发展的主要举措

近年来，在国家的支持下，广西经济社会各项事业快速发展。2011 年全区 GDP 超万亿元人民币，较 5 年前实现了翻番。今年上半年，在世界经济处于低迷、国内经济下行压力加大的情况下，广西仍然保持了两位数的增长速度，继续高于全国水平，特别难能可贵的是，广西与东盟地区的经贸往来继续加强，对东盟出口实现 44.4% 的增长。

广西在快速发展的同时，仍然保持着良好的生态环境。截至 2012 年，各城市的集中式饮用水水源的水质达标率为 98.7%，城市环境空气优良天数达到 98.8%，达标率为 100%，我们已初步探索出具有广西特色的绿色发展新道路。实现经济社会与生态环境的协调发展，主要得益于我们始终坚持"在保护中发展、在发展中保护、环境保护优先"的发展理念，得益于始终坚持"生态立区、绿色发展"的战略思路，得益于建设生态文明示范区的各项重大举措。

（一）制定绿色政策，推动绿色发展转型

广西制定了以环境倒逼机制推动产业转型升级、严格控制高耗能高排放项目投资审批等一系列产业经济政策，通过绿色税收、环境收费、差别价格等手段措施，充分发挥经济杠杆的引导、调节、约束和限制作用，初步形成了以绿色产业、

---

① 本文为广西壮族自治区副主席蓝天立在 2013 年中国—东盟环境合作论坛上的致辞，有所删节。

绿色产品、绿色消费为基础的绿色经济体系。

（二）落实发展规划，引导绿色发展转型

广西实施了《广西主体功能区规划》《广西北部湾经济区发展规划》《西江经济带发展总体规划》等一系列经济社会发展规划，以资源环境承载能力和发展潜力为依据，确定不同区域的功能定位，实行分类管理的产业政策和环境政策，引导各区域合理选择发展方向，构建了经济、社会、人口、生态等协调统筹发展的新格局。

（三）创新体制机制，保障绿色发展转型

广西探索建立新的经济社会发展目标管理考评办法，在珠江水源林的金秀县、石漠化严重的忻城县、资源枯竭的合山市，摒弃以 GDP、财政收入和工业化等经济指标为主的政府绩效考核办法，代之以生态恢复、环境治理、绿色产业发展等环境发展指标，探索出一条独具特色的科学发展、和谐发展、绿色发展之路。

（四）调整产业结构，加快绿色发展转型

广西完善建设项目环境影响评价制度，实行严格的生态环境风险红线控制，建立重污染企业退出机制，淘汰落后产能，调整优化产业结构，着力发展节能与环保、新能源、新材料、海洋等四大战略性新兴产业，不断降低产业能耗水平。2012 年，实现结构性节能达 297 万吨标准煤。

（五）发展循环经济，引领绿色发展转型

广西建设了甘蔗制糖、综合产业园区等一批循环经济示范工程，充分发挥资源优势和区域特点，积极推进资源综合利用和清洁生产。其中，甘蔗制糖的循环经济模式已经成为中国产业循环经济综合利用的示范样板，糖业综合利用率达41%，为中国首位；贺州华润循环经济产业示范区实现了水泥、发电、啤酒企业生产有机循环，主要固体废物综合利用率达到 100%。

（六）实施节能减排，促进绿色发展转型

广西采取了县县建设污水处理设施、企业脱硫脱硝电价补助、实施重点领域

重点行业污染治理等一系列综合措施，严格控制二氧化硫、氮氧化物、化学需氧量和氨氮等污染物排放，严格限制产能过剩行业同类项目发展，强行淘汰工业企业的落后产能、技术工艺和设备产品。2005 年以来全面完成了国家下达的年度污染物减排任务；2012 年度，全区万元生产总值能耗下降 4.26%。目前，我们正实施天然气县县通工程，大力推广清洁能源的使用。

二、加强中国－东盟环保合作，助推广西绿色发展转型

当今时代，走绿色、低碳、可持续发展道路，已经成为国际社会的广泛共识。广西与东盟各国山水相连，资源禀赋相近，同时又都处于加快发展经济、提高竞争力、提升人民生活水平的关键时期，同样面临着生态环境脆弱、资源能源紧张、资源环境矛盾突出等共同挑战。广西作为东盟的近邻，作为中国与东盟合作的桥梁和窗口，愿意并期盼与区域内各方开展更加全面、更加深入、更加务实的环境交流合作，共同探索和推动区域绿色发展转型。未来，建议加强如下工作：

（一）建立绿色环保项目合作平台

在环境保护部的支持下，广西计划投资 10 亿元人民币在广西南宁建设中国－东盟环保产业基地，作为面向东盟的环保技术研发、人才培养和信息交流平台。通过这个平台，广西愿意与东盟企业界合作，开展生活污水和垃圾、工业固体废弃物、糖业污水等污染处理，建立长期、稳定的合作关系，与东盟各国分享我们的经验和技术。

（二）密切绿色环保技术合作

建立中国－东盟绿色环保技术交流机制，成立跨国环保专家组，定期或不定期在污染减排、流域水污染防治、燃煤电厂脱硫脱硝、环境监测、土壤修复、重金属污染防治、海洋环境污染防治、制糖循环产业技术等方面开展课题研究与合作，共同攻克一批关键共性技术并实现转化应用。

（三）增进绿色环保管理经验交流

建立中国－东盟环境保护信息交流机制，在双边和多边国家政府的协调和指

导下，开展危险废物进出口监管及检验检疫合作，交换和共享相关信息；在节能减排、总量控制、环境标准体系、清洁生产、污染事故应急处置、环境影响评价等方面开展经验交流活动；加强广西与东盟各国生物多样性保护合作，在跨境生物廊道建设、跨境海洋环境保护、生态补偿、生态监测和打击跨境野生动物贸易等方面开展交流合作。

目　录

第一章　高层政策对话

第一节　东盟绿色发展进展状况[①]

过去几十年来，东亚地区经济发展令人瞩目。然而快速发展的经济以及工业化进程，给可利用的自然资源带来了越来越多的压力，也带来了各种环境问题，造成不可持续发展。

绿色发展是实现工业模式向经济、环境和社会可持续发展的有效方式。研究与创新是经济增长的关键。成功的企业一般会对研发进行非常大的投入。根据人力、地球和利润三重底线原则，对环境进行投资的企业将通过新产品和服务得以成长和减少成本，而传统产品最终将失去市场。因此，绿色经济的竞争力取决于对绿色产品的创新和研发能力。

东盟地区自然资源丰富，人口密集。截至 2012 年底，东盟人口已达到 5.91亿，在区域层面，东盟也通过多方面努力来实践其促进绿色发展的承诺。目前，几项重要的行动计划，都表明了东盟推行绿色发展的坚定承诺。其中包括：东盟—中日韩在可持续生产与消费领域的领导力项目、东盟生态学校项目、东盟可持续城市计划等。东盟成员国及其他利益相关方，通过多边协调、合作和交流，进一步推动了区域的绿色发展。

目前，东盟正在朝着 2015 年前建成东盟共同体的目标努力。这一目标的实现需要合作伙伴的大力支持。东盟非常赞赏中国和东盟在环境方面的合作，尤其是在绿色发展方面。中国—东盟环境合作论坛将为双方在提高意识、信息交流、建立网络方面提供一个好的平台，并将为推动区域绿色发展作出贡献。

[①] 本文为东盟秘书处环境办公室主任拉曼·勒楚马兰在 2013 年中国—东盟环境合作论坛上的发言，有所删节。

第二节　充分发挥中国－东盟环境合作论坛的平台与窗口作用 推动区域绿色发展转型^①

自 2011 年在广西南宁首次举办以来，中国－东盟环境合作论坛已发展成为中国和东盟之间开展环境政策高层对话的重要平台，成为探讨环境与发展合作的重要渠道，成为连接社会各界参与区域环保合作的重要桥梁。中国－东盟环境合作论坛作为一个就环境合作主要问题、区域和全球共同关切的环境议题，以及促进中国和东盟在环境领域开展务实合作的重要平台，其在推动区域绿色发展转型上的作用，获得与会代表的广泛认同与高度肯定。

（一）柬埔寨环境部副部长兼国务秘书尹金生发言节选

柬埔寨环境部副部长兼国务秘书尹金生表示中国－东盟环境合作论坛已经成为中国－东盟在环保领域进行政策对话和经验分享的一个高层的平台，成为一个重要的环保合作的机制。这一重要的合作机制已经为本地区的可持续发展作出了积极的贡献，同时它也给决策者、给企业界的领导人、专家和其他的利益相关方提供了一个探索加强中国－东盟环保合作，促进绿色发展的机会。

目前，柬埔寨已经将绿色发展和绿色的技术纳入到本国国家发展的过程中，与此同时，柬埔寨也致力于与国际社会共同合作，特别是和东盟的成员国进行合作，以及和中国、日本、韩国等其他一些国家合作来推动柬埔寨在这个地区的绿色经济的发展。柬埔寨正在实施 2013—2030 年绿色发展的国家政策和战略发展规划，注重经济发展的同时，与环境保护相平衡，以确保柬埔寨能负责任地管理自然资源，水资源、土地、渔业，森林等资源，并且与人民生活水平的提高相协调。

（二）老挝自然资源与环境部副部长阿克·图拉姆发言节选

老挝自然资源与环境部副部长阿克·图拉姆感谢中国政府为推动东盟环保合作所做出的巨大努力，认为中国－东盟环境合作论坛为"南南合作"提供了一个

---

① 本文根据柬埔寨环境部副部长兼国务秘书尹金生、老挝自然资源与环境部副部长阿克·图拉姆、缅甸森林与环境保护部副部长特信、印度尼西亚环境部部长助理达纳·卡塔库苏珥、马来西亚自然资源与环境部副秘书长瑞斌·尼克、泰国自然资源和环境部部长顾问皮塔亚·普卡曼等在 2013 年中国－东盟环境合作论坛上的发言基础上，整理完成。

非常好的模式。

阿克·图拉姆副部长介绍了老挝绿色发展特别是可持续使用和管理自然资源的情况。目前，老挝正在实施 2011—2015 年国家战略发展计划，以及 2011—2015 年环境保护计划。此外，老挝还制定并完善了相关立法，通过实行更加严厉的措施，来更好地控制污染；同时，通过政策上的激励措施，鼓励更多的私营部门加入到绿色发展中来。

（三）缅甸森林与环境保护部副部长特信发言节选

缅甸森林与环境保护部副部长特信表示，实现绿色发展转型，要通过实施可持续发展战略，推动环境、经济与社会协调发展。为了加强环境保护工作，缅甸进行了机构改革，将林业部更改为环境和林业部。

特信副部长还表示，缅甸认识到可持续性利用自然资源对于绿色发展意义重大。为了能够推动绿色经济增长，缅甸正在建立一些国家层面上的机制，以及环境服务付费制度。此外，环境和林业部作为缅甸推动绿色发展转型的重要部门，未来将扮演更加重要的角色，例如：采取多样化的措施降低温室气体排放和为生态系统服务。

（四）印度尼西亚环境部部长助理达纳·卡塔库苏玛发言节选

印度尼西亚环境部部长助理达纳·卡塔库苏玛表示绿色经济不是一个目标，而是一个帮助我们实现可持续发展的手段。可持续发展才是真正的目标。围绕着可持续发展目标的实现，印度尼西亚政府出台了一系列措施，包括健全财经激励措施、完善执法手段、推动可持续生产与消费项目等。

以财政制度改革为例，印度尼西亚希望环境保护以及减少排放目标的实现，可以通过激励措施完成。这些激励的措施是非常重要的，可以帮助人们更好地保护环境。在印度尼西亚还有一个环保方面的备忘录，政府已经开始执行，它主要是对不同的行业进行环保方面的评估。

（五）马来西亚自然资源与环境部副秘书长瑞斌·尼克发言节选

马来西亚自然资源与环境部副秘书长瑞斌·尼克表示，绿色经济要求经济发展须建立在平衡增长的基础之上。他以绿色建筑为例说明马来西亚政府对绿色发展的重视。

马来西亚政府持续加大对绿色建筑开发的支持力度，目前已拨款 15 亿马来西亚林吉特来支持绿色建筑的开发。此外，还在绿色建筑评价方面开展了大量工作，马来西亚建筑联盟据此推出资源评级工具，以便更加有效地对建筑进行全面评估。

（六）泰国自然资源和环境部部长顾问皮塔亚·普卡曼发言节选

泰国自然资源和环境部部长顾问皮塔亚·普卡曼表示经济的增长不能以损害生态系统为代价，绿色发展就是要实现经济增长与环境保护相协调。泰国高度重视绿色发展，将其作为优先发展方向，并在环保政策的实施方面做出了很大的努力。

皮塔亚·普卡曼部长顾问认为，绿色发展，从地区的角度来说，同样意义重大。事实上，绿色增长可以确保未来全球环境保护及向绿色经济转型的发展过程是相协调的。因此，对于本地区的绿色转型，东盟国家特别需要与中国进行更为紧密的合作，减少温室气体的排放，减少污染，减少对自然资源的低效使用，最终促进共同的绿色转型与发展。

第三节　倡导绿色经济　助推绿色发展转型[①]

一、绿色经济及其意义

绿色经济是一种既能提高人类福祉和社会公平，又能显著减少环境风险和生态稀缺性的经济模式。有别于传统经济模式，绿色经济强调创造机会。在绿色经济中，组织机构和个人通过对减少碳排放和污染、提高资源和能源效率、减少生物多样性和生态系统服务流失的投资来拉动经济增长和就业。当然，这些投资需要特定公共支出和政策改革的激励和支持。

关注和强化绿色经济对于世界的可持续发展具有非同一般的战略性意义。过去几十年，伴随着发展，一些并发的危机涌现，如气候变化、生物多样性减少、燃料和水危机，以及最近的金融危机。尽管这些危机多种多样，但有一个共同特

---

① 本文为联合国环境规划署亚太办公室主任朴英雨在 2013 年中国—东盟环境合作论坛上的发言，有所删节。

征，就是严重的资本配置不当。这是由传统政策和市场机制内在的不协调导致的。因此，绿色发展的实现需要新的经济模式。绿色经济就是一种实现绿色发展转型的手段和工具。

二、区域绿色发展现状

近年来，亚太地区经济发展迅速。然而该地区人口众多，并且仍在以极高的速度增长，其中贫困人口约占世界贫困人口的一半左右。通过绿色经济，实现区域绿色发展转型，对于亚太地区尤为重要。亚太地区中相当一部分人，特别是贫困人口的生计主要依赖于环境和生态系统。绿色经济有助于提高人类福祉，并满足人类保护环境和生态系统的需要。

当前，世界各国都在积极推进绿色发展转型，并开始实施许多相关战略和规划。亚太地区在绿色经济发展方面也走在世界前列。据统计，全球 23% 的绿色投资是由亚太地区发起的。中国投资 4 680 亿美元用于到 2015 年实现主要行业的绿色发展，比过去 5 年的投资增长了一倍多。印度尼西亚发布了国家发展规划，提出 2025 年实现绿色和可持续的印度尼西亚，并且到 2030 年实现 7% 的 GDP 增长和 41% 的温室气体减排。马来西亚也制定了绿色经济目标并列入国家行动计划当中。联合国环境规划署也正在与约 20 个国家一起开发绿色经济计划。

三、发展绿色经济建议

（一）发展绿色经济应把握消除贫穷、促进可持续发展的要求

发展绿色经济，是实现可持续发展的一项重要手段。当前，世界上仍有约 10 亿人口生活在贫困线以下，与实现千年发展目标和 2002 年约翰内斯堡执行计划还有很大差距。贫困问题事关发展中国家人民最基本的生存权和发展权，消除贫困，促进可持续发展，理应成为发展中国家发展绿色经济的首要任务。千年发展目标等确定的减贫目标，应该成为发展中国家制定和实施绿色经济政策的首要衡量指标。

（二）发展绿色经济应秉承"共同但有区别的责任"原则

发展绿色经济，实现可持续发展，是世界各国的共同任务。各国政府应立足

本国国情，充分发挥政府的组织引导作用，采取适合自身特点的政策措施，努力发展绿色经济。由于发达国家和发展中国家所处发展阶段不同，双方的历史责任不同，1992年环发大会确定的"共同但有区别的责任"原则，成为指导全球可持续发展实践的一条重要原则，理所当然也是发展绿色经济的重要指导原则。按照这一原则，一方面，发展中国家自身要做出不懈的努力；另一方面，发达国家应切实转变不可持续的生产和消费方式，在绿色经济的生产、流通、分配、消费全过程上做出表率，同时应充分理解发展中国家在消除贫困、调整结构和向绿色经济转型过程中面临的种种困难和挑战，积极兑现已有各项承诺，帮助发展中国家提高绿色发展能力。

（三）发展绿色经济应坚持公正、合理、务实的方式

发展绿色经济，必须以公正、合理的国际经济秩序为基础和条件。国际社会应当创造良好的国际环境，把推进贸易自由化和便利化作为发展绿色经济的助推器，制定并实施鼓励绿色经济发展的贸易政策，扩大市场开放，反对贸易保护。国际社会要增强政治意愿，加强协调配合，推动务实合作，帮助发展中国家特别是最不发达国家和非洲地区发展绿色经济，避免将其变成发达国家对外援助的一个条件，实现共同发展。要加强"南北合作"，切实解决发展中国家的关切，使发展中国家分享到经济全球化、发展绿色经济的益处。要重视"南南合作"，加强发展中国家之间的交流与合作，分享绿色发展经验。

第四节　区域绿色发展的挑战与机遇①

一、推动绿色发展转型的必要性

传统发展模式带来的污染物排放量的增加、气候变化、资源消耗和能源安全等问题，将是新兴亚洲国家面临的主要挑战。绿色增长是一种能够破除经济增长和污染及资源消耗之间正相关性的发展模式，同时将提高人民的生活质量。

实施绿色经济，推动绿色发展转型，将为本区域国家提供难得的机遇。亚洲新兴国家如能抓住绿色增长的机遇，将会实现以下几个方面的转变：第一，绿色

---

① 本文为亚洲开发银行东亚局副局长许延根在2013中国—东盟环境合作论坛上的发言，有所删节。

增长将有助于寻求关注贫困人群、重视就业、走创新的经济增长道路；第二，通过动员本区域需求公平的实现，提高空气质量及其他生态服务系统，新兴亚洲国家将会在绿色发展中实现社会福利；第三，亚洲新兴国家将会在绿色科技和商业模式方面成为领导者，并成为绿色生产、消费和服务商业化的重要目的地；第四，亚洲新兴国家能够摆脱已存在几十年的短期经济发展思想的困扰，走上在生态环境承受范围内实现发展的繁荣道路。

二、亚行在推动中国－东盟环保合作上的努力

亚行一直都非常重视与东盟的合作，而东盟也在亚行的合作项目中发挥着重要作用。亚行与东盟签订了2010—2015年合作计划以及关于可持续发展的谅解备忘录。到目前为止，亚行在与东盟的合作中已经投入了约100亿美元。近期，东盟又提出了一个重要项目——东盟基础设施基金。亚行一直鼓励绿色投资和绿色基础设施计划，东盟基础设施基金将在这方面发挥重大作用。

中国和亚行在很多方面都有非常好的合作，并开展了很多合作计划和项目。在过去，亚行给中国提供了较多资助，而中国在环境保护方面也给亚行提供了很多支持。中国与亚行合作了风能和清洁生产等项目，是亚行非常好的合作伙伴，双方的合作卓有成效。通过与中国的合作，亚行期望能进一步促进知识分享、建立专家网络，并希望中国的政策继续向环境友好型发展。

近年来，中国和东盟的环保合作取得了实质性进展。在环保合作上，涉及亚行并由中国、东盟参与的项目很多。其中，一个较为成功的项目是大湄公河次区域合作。作为亚行的旗舰项目，生物多样性走廊保护是大湄公河次区域项目中的核心项目。该项目于2005年启动，旨在通过加强中国与次区域国家的合作，加强次区域国家的生物多样性保护；通过项目实施，在中国与次区域国家间形成一种在资源保护、管理机制，以及交流沟通机制上的共识，及有效保护策略。项目的成功实施，已为中国与次区域国家开展跨边境的联合生物多样性保护工作提供了有用的经验及借鉴。

三、亚行积极推动绿色发展

亚行对环境问题的关注始于1972年，此后对环境问题的研究力度逐渐加大。现在绿色发展、绿色创新、绿色增长已经成为非常重要的概念。绿色发展是什么？

它能给人类带来怎样的新机遇？

当前世界面临巨大挑战，美国和欧洲经济仍处于低迷状态。可喜的是亚洲经济始终处于不断发展之中。在这种情况下，人类需要发展环境友好型经济，抓住绿色发展的历史机遇。

在经济危机之后，亚行推出经济促进计划，其中很大一部分内容是用于解决环境问题。亚行的经济促进计划不仅仅是关注如何适应环境、减少环境破坏；更重要的是寻求合理的方式创造新的就业机会，实现绿色发展。要创造更多的绿色就业机会，必须要对一个国家进行绿色治理，要考虑环境问题以及它们对各种行业的影响。未来，亚行将通过绿色计划给亚洲地区带来 5 000 万个左右的绿色就业岗位。中国和东盟在绿色发展方面应进一步加强合作。中国和东盟需要考虑长期生产力的发展问题，以及年轻劳动力在绿色经济当中所起的作用。

亚行过去的投资中，环境保护方面占 1/3，还有 1/3 致力于有益环保的行业，如清洁生产、绿色产业等。许多亚行的环境合作项目涉及亚洲区域，按目前的发展速度，到 2050 年，全球的产出贸易投资中，亚洲能够占到一半左右，亚洲地区也将广泛享受富足生活。但同时我们也看到亚洲面临很多挑战。目前，不平等现象，在亚洲仍较为普遍存在，并且收入差距不断扩大。现在亚洲还有很多人生活在每天 1.5 美元的贫困线以下。此外，城市化进程加快、人口结构不断变化、对资源的过度开发以及环境恶化，也给亚洲各国带来巨大挑战。能否提高长期竞争力，在很大程度上取决于当前的发展模式能否实现转变。绿色创新和产业合作非常重要，为实现绿色发展目标，亚洲国家应该进一步完善有关政策和加强环保合作。

第二章　区域绿色发展转型的政策措施

第一节　中国经济发展的绿色转型[①]

一、绿色经济与绿色发展转型

所谓经济的绿色转型就是要把我们过去经济发展过程中过大的资源环境代价降下来，要以较低的资源环境代价取得经济发展。中国现在正在进行绿色转型，也就是把转变经济发展方式作为国家发展的主线来安排一切工作。

绿色是环保的代名词，经济是指人类进行的赢利活动，那么绿色经济就是与环保有关的人类赢利活动。从这个性质上引申，可以看到绿色经济具有两种含义：

第一种含义是指经济要环保，即要求经济活动不损害环境或有利于保护环境。在这里，绿色是对经济活动的外在限定，它要求经济活动不以牺牲环境为代价或不付出过大的环境代价。在这个意义上，绿色经济并非单指某些产业活动，而是对整个经济体系的要求，它实际上是指要把原有经济体系的面貌由非环保型转到环保型，因此，此时绿色经济又可称为环保型经济或环境友好型经济。举例说，钢铁、化工、建材、造纸等产业，在粗放型发展方式下是高排放的，因而是非绿色经济的；而在清洁技术、循环利用和节能减排的生产方式下的，就是环保型的，就属于绿色经济。应该注意，这时候绿色经济强调的重点是环保，即为了环保的目的，哪怕放弃一部分经济效益也是必要的，以保证经济是绿色的。

第二种含义是指从环保要经济，即从环境保护活动中获取经济效益。美国耶鲁大学丹尼尔·埃斯蒂教授和安德鲁·温斯顿教授在《从绿到金——聪明企业如

---

① 本文为环境保护部政策研究中心主任夏光在 2013 年中国－东盟环境合作论坛上的发言，有所删节。

何利用环保战略构建竞争优势》一书中指出："为什么通用电气、索尼、丰田、沃尔玛这些世界最大、最强硬、最追逐利润的企业现在都在谈环境保护？（因为）聪明的企业会通过对环保挑战的战略管理取得竞争优势"。他们认为："以全新视角观察事物，会带来实际收益。过去 40 年间，越来越多的企业发现了灵活管理绿色浪潮带来的压力所能获得的潜在效益。未来的企业将既创造业务利润，又创造一个健康和可持续发展的世界"。可以把这个意义上的绿色经济称为"从绿掘金"，即环境保护可以成为经济利润的一个来源，成为一个经济增长点。举例说，环境污染治理、环境基础设施建设、新能源开发、绿色食品研发等，都可以带来新的利润，使这一部分活动改变环保只赔钱不赚钱的形象。可以看到，这个时候绿色经济强调的重点是经济，即通过政策调节和定向开发使环境保护也有利可图。

以上两种含义分别强调了绿色和经济两个方面，共同要求是追求同时产生环境效益和经济效益。因此，二者结合起来，可以形成一个绿色经济的定义：绿色经济是指那些同时产生环境效益和经济效益的人类活动。

中国正处在绿色转型的阶段。"十二五"发展规划把转变经济发展方式作为主线，这在世界上是独一无二的，也说明中国目前面临的主要问题之一是发展方式的不可持续性，其主要表现是"经济增长的资源环境代价过大"。

因此，中国经济发展的绿色转型就是指降低经济增长的资源环境代价，并从绿色环保产业发展中获得新的经济利益。这就要求把过去经济发展过程中过大的资源环境代价降下来，要以较低的资源环境代价取得经济发展。同时包含着另一个新的含义，就是用绿色环保产业的发展获得新的经济增长点，推动经济发展。

二、中国推动绿色发展转型，成效显著

经过多年的努力，中国在推动绿色发展转型上取得了以下积极的进展：

（一）强力推进污染减排

通过对大气、污水中的 4 个主要污染物制定减排目标，并辅之政策法规强制减排。全国城市污水处理率由 2005 年的 52% 提高到 2012 年的 85%，燃煤电厂脱硫机组比例由 14% 提高到 90%。"十一五"期间，二氧化硫、化学需氧量排放量分别下降 14.29% 和 12.45%。2012 年全国化学需氧量、二氧化硫、氨氮、氮氧化物排放总量分别比上年减少 3.05%、4.52%、2.62% 和 2.77%。

（二）以环境保护优化经济发展，提升经济发展质量

全面推进规划环评，完成环渤海等五大区域重点产业发展战略环评，开展西部大开发战略环评。严格建设项目环评，采取"区域限批"、"行业限批"等措施。2008 年以来，共拒批 332 个、总投资 1.1 万亿元涉及"两高一资"、低水平重复建设和产能过剩项目。同时，制定实施环境经济政策，初步建立起包括绿色信贷、保险、贸易、电价、证券、税收等在内的环境政策框架体系。现行国家环境保护标准达 1 374 项。

（三）解决关系民生的突出环境问题

着重解决关系民生的突出环境问题，特别是空气质量和重金属对土壤的污染及水污染等方面。中央特别设置了重金属污染的专项，且下拨了专项资金。通过治理，各个城市，尤其是原来环境问题比较突出的一些城市，现在的环境质量都趋于好转，居住环境得到了很大的改善，老百姓都深有体会，特别是医疗废弃物方面得到管制，垃圾处置装备建设也得到飞快地推进。

具体包括：2012 年发布新修订的《环境空气质量标准》，京津冀、长三角、珠三角等重点区域以及直辖市和省会城市共 74 个城市、496 个监测点位已按新标准开展监测，并于 2013 年 1 月 1 日开始实时发布数据。强化饮用水水源保护和地下水污染防治，组织全国地级以上城市进行集中式饮用水水源环境状况评估，编制《华北平原地下水污染防治工作方案》，积极落实《全国地下水污染防治规划》。中央财政增设重金属污染防治专项，2010—2012 年累计下拨资金 75 亿元，支持重点防控区综合防治。强力推进历史遗留铬渣治理，全国堆存长达数十年甚至半个世纪的 670 万吨铬渣基本处置完毕。

（四）深化污染防治

国务院先后批复《重点流域水污染防治规划（2011—2015 年）》《重点区域大气污染防治"十二五"规划》。深入推进让江河湖泊休养生息，建立重点流域跨省界断面水质考核制度，完善考核指标体系。全国七大水系好于Ⅲ类水质比例由2005 年的 41%提高到 2012 年的 64%；劣Ⅴ类水质比例由 27%下降到 12.3%。开展水质较好湖泊生态环境保护试点，截至 2012 年底，中央财政安排 35 亿元，支

持云南洱海、山东南四湖等 27 个湖泊生态环境保护。

加强流域的污染综合防治。通过几年来的流域发展规划，已在全国七大水系不断提高断面的比例数，河流达标的比例数逐年提高。到 2012 年底，中央财政安排了优良湖泊的专项保护基金，对还没有遭受污染的湖泊，采取搬迁和一些预防性的措施保护这些湖泊不受污染，同时在区域大气污染联防联治方面采取措施，保证重大的区域环境质量的改善。建立和完善区域大气污染联防联控新机制，有效保障了北京奥运会、上海世博会和广州亚运会期间的环境质量。在污染整治的过程中，会展经济、旅游经济也同时得到了发展。

（五）加强生态保护和农村环境保护

国务院成立中国生物多样性保护国家委员会，批准《中国生物多样性保护战略与行动计划（2011—2030 年）》；国务院办公厅印发《关于加强农村环境保护工作的意见》《关于做好自然保护区管理有关工作的通知》《近期土壤环境保护和综合治理工作安排》。

生态环境和农村环保也取得了进展。生态保护和建设持续得到加强。森林覆盖率上升到 20%，荒漠化扩展趋势得到初步遏制，治理水土流失面积近百万平方千米，建立国家级生态功能保护区 14 个。截至 2012 年底，全国累计建成国家级自然保护区 363 个，已有 15 个省（市、区）开展生态省建设，1 000 多个县（市、区）开展生态县建设，53 个地区开展生态文明建设试点工作，自然保护区的建设得到加强，现在保护区的面积已占到国土面积的 16%左右。自 2008 年以来，中央财政共安排农村环保专项资金 135 亿元，实施"以奖促治、以奖代补"政策措施，支持 2.6 万个村庄开展环境综合整治，5 700 多万农村人口受益。根据中国农民的生活方式改造城乡环境，使过去没有环保基础设施的地区，现在按照农业分散式点燃处理的方法来执行村庄连片整治。

（六）环境执法监督和应急管理进一步加强

用环境执法监督，进一步遏制污染事故的发展。全国已经出动了几十万次执法检查，查处了违法案件 700 多件，使得这些环境问题及时得到处置。

截至 2013 年 6 月 30 日，全国共出动执法人员 76 万余人（次），检查企业 29 万余家（次），查出环境违法问题 2 380 多个，挂牌督办环境违法案件 769 件。通过开展环境风险评估、环境安全百日大检查等措施，一批突发环境事件得到妥善处置，进一步遏制了污染事故的发展。

（七）投资保障水平明显加强

积极协调财政部、发展改革委，进一步提升投资保障水平，预计今年环境保护部参与分配的中央环保投资将超过 200 亿元。

（八）核与辐射安全可控

这几年来，环保投资水平也不断得到提高，中央财政安排了数百亿的资金用于污染的治理和核安全的控制，特别是在日本发生福岛核事件以后，中国进一步加强了核安全的管制。国务院常务会议审议通过了《核安全与放射性污染防治"十二五"规划及 2020 年远景目标》，对核设施、核电厂和辐射安全的监督检查得到加强，安全改进措施进一步落实。

（九）全社会环境保护意识显著提高

各级党委政府和广大领导干部的环境责任意识明显增强。很多地方党委政府更加重视，切实把环境保护放在全局工作的突出位置，坚持并完善责任制。全社会关心支持和参与环保的氛围更加浓郁。经过这些年的努力，全社会环境保护的意识明显增强，社会公众现在对于环保非常关注，在一些群体性事件中，既体现了他们的权利意识，也反映了他们公共意识的加强。各地政府也拨付了大量的资金和人力来加强流域和当地的环境的综合整治。

（十）地方积极加强环境保护

温州市温瑞塘河的治理，是因当地的民众要求环保局局长下河游泳开始的，这说明当地污染还有比较严重的地方。经过这几年的整治，温瑞塘河由过去比较黑臭的一条河流，如今已被改造成一个宜居又宜游的景观河道，水质达到了 3 类或者 4 类的水平，这就是发展方式的改进。

江苏省明确省财政每年安排的污染防治专项资金由原来的 3 000 万元增加到 3 亿元，筹集南水北调工程治污基金 25 亿元，省财政安排 1.35 亿元对淮河流域水处理项目的管网建设实行"以奖代补"，省财政每年安排环保工作的奖励经费从原来的 100 万元增加至不少于 500 万元。

宁夏回族自治区规定各级政府每年要拿出环保专项资金的 5%～10%专门用于环境科研；对国家和自治区人民政府命名的环境友好企业和循环经济试点示范企业，给予 3 年免征所得税优惠；对列入国家资源综合利用产业目录的资源综合利用型企业，给予 5 年免征所得税优惠；上述企业免税期满后可享受国家西部开发 15%所得税税率优惠。因污染搬迁另建的工业企业享受 3 年免征所得税优惠；对重点水污染企业及铁合金、电石、水泥等工业粉尘排放强度较大的高载能行业污染治理设施的用电，执行平谷电价。企业治理污染所需设备投资的 40%可从企业当年新增企业所得税中抵免等。

湖南本级治理经费将从今年的 5 000 万元增加到明年的 1 亿元。河北每年安排 5 000 万元支持基层环保能力建设。四川、云南为基层配备了环境监测、监察车辆，四川还将环境保护作为明年财政重点保障的四大领域之一。贵州省财政每年安排 2 000 万元专项资金用于环保能力建设，通过基层配套，"十一五"前 3 年预计可投入 1.08 亿元。内蒙古自治区政府拿出相当于排污收费 30%的资金用于环保能力建设。陕西省从今年起每年投入 1.5 亿元作为渭河治理专项资金。青海省财政今年安排 500 万元资金支持全省监测预警体系和环境执法能力建设。

综上所述，中国现在面临的环境资源问题在世界上是最突出的，解决起来也比其他国家更加困难，主要是因为中国人口众多，国土有限，经济发展的规模已经很大，这些因素综合在一起。但同时也应该看到，中国是世界上最具有可持续发展动力和积极性的国家，也是各种措施采取得最坚定最坚决的国家，但是要经过长期的奋斗才能实现绿色转型的最终目的。

三、促进绿色经济发展转型的环保政策

第一类是要执行从严从紧的管制政策。第二类是引导发展的激励政策。通过国家的可持续性政策，促使那些从事环保资源综合利用，循环经济等可持续发展行业的企业能够获得更好的效益。绿色转型，包含着既要绿色，也要发展的双重含义。

第一类，从严从紧的管制政策。首先是限制性的产业政策，国家通过制定一系列的产业政策，对一些重点行业，特别是污染比较重的行业，比如说焦炭行业，铜冶炼行业等设置特别的产业政策，规定一些禁止进行的项目种类，或者是对其

设置比较高的门槛，比如铁合金、煤炭行业、铝合金、电力、电子、纺织、钢铁等行业，国家都分别制订了产业政策。同时，在产业政策之外，实施严格化的环境管理。前文所述的污染减排就是中国实施的一个比较独特的环保控制政策。通过设置一定污染物的排放值的上限，或者是减排的量作为标准，然后层层落实到各个地方，各个企业来兑现。中央政府高度重视节能减排工作，委任国务院总理亲自担任节能减排领导小组的组长。在国务院发布的《节能减排综合性方案》里，共详细规定了十数条重大政策措施和具体项目，包括资源价格产品改革、排污收费管理政策、支持性补贴的财政政策和基本建设投资政策等。党的十八大进一步提出，要实施最严格的环境保护制度、耕地保护制度、水资源管理制度等政策。所谓最严格，就是相对于我国现在的发展阶段，要达到原来发达国家在这个阶段所达到的标准。在一些特殊情况下，甚至要采取超前的严格的标准，也就是达到发达国家目前已经采取的标准。比如汽车尾气排放的控制，在北京就实施了相当于欧洲最新标准的排放标准，通过实施大气污染排放的控制政策，使得城市大气污染得到一定的控制。此外，国务院也发布了大气污染物特别排放限制的通告，对钢铁、火电等重点行业实施比法规标准更严格的排放限制，目的是保护我国的环境质量。这些钢铁排放限制的标准有的会很快开始实行，有的则是等标准制定出来以后颁布实行。

第二类绿色转型的政策，就是要通过环保、绿色、经济的办法引导国民经济发展。所谓绿色转型，不是放弃发展去搞环保，而是在保证资源环境承载能力的基础上推动经济的发展。这也是国务院和人大发布的《循环经济的若干意见》和《循环经济促进法》所提倡的，即用法律的办法来促进循环经济的发展，而且还专门出台了支持循环经济发展的投融资政策，在规划、投资、产业、价格、信贷等方面对循环经济予以支持，其中有很多具体的政策内容已形成文件，并且在国家产业发展指导目标里面也予以专门列出。例如，《加快节能环保产业发展的意见》明确提出，以企业为主体，以市场为导向来推动新兴产业的发展，这种节能环保产业，也是新的经济增长点。国家提出的目标是节能环保产业年均产值增速在15%以上，到2015年总产值达到4.5万亿元，成为国民经济的支柱产业，这是国家最重要的产业政策和环保政策。同时对节能增效的资源循环利用的环保服务业都予以明确的政策引导，如实施减税免税等新的发展方式。

中国将会成为世界上最大的环保产业市场。从这个意义上讲，中国的环保产业也是对世界开放的，中国政府欢迎包括东南亚和西方国家在内的各国企业，到中国从事环保产业的发展、参与中国污染治理、城市基础设施的建设等，共同推进中国经济可持续发展、绿色发展的水平。所以，这也是世界进一步加强建设环保产业的机会。为了支持环保产业的发展，中国发布的资源综合利用方案里面规定，如果利用废水、废气、废渣等废弃物原料重新进行生产和开发利用的，国家给予所得税免税待遇，相当于对其进行了补贴。同时科技部等一些部门发布的《中国资源综合利用技术政策大纲》规定了257项具体的技术来支持企业采用节能环保绿色的技术减低企业研发的成本，加快绿色转型的速度。倘若对这些政策加以良好的运用，产业越环保，则企业越赢利。去年，国家对节能减排的项目进行了20亿元的财政补贴，对于支持循环发展的政策也补充了许多规定。

在中国东部地区很多循环经济工厂就是这方面的典型。工厂把废弃电器、废旧电线和电子产品经过转化加工以后，回收金属，解决就业和增长问题；同时，节能环保本身作为一种增长政策，在招商引资方面可以获得新的发展。同样，中国大宗出口的纺织品里也有很多废弃物，通过循环经济的办法，可以使这些废弃物重新转换、利用压合变成新的产品，回到我们的生活当中。人们买的汽车之中就有循环经济的产品。而进行黄金采炼的企业，也可以在绿色生态恢复的过程中寻求新的发展，如通过主体旅游，生态旅游公园建设等，来吸引更多的游客，并提高他们的环保意识，同时可以回收一部分开发资金，这就是循环经济的一种模式。循环经济是中国促进绿色转型最重要的产业政策之一。既可以通过产业结构的升级，达到一种新的发展阶段；也可以开发风力发电和推动节能高附加值产业的发展，这是中国绿色转型的一个方向，即提高土地产出产值的最大化。

同样地，一些传统的产业，如化工产业，也是可以进行绿色发展的。这些产业作为国民经济的基础，也可以利用循环经济，采取工业园区的办法进行发展，实现发展和环境的统一。

在新的时期里面，要加快中国经济的绿色转型，就要通过环境保护，资源节约等具体方法，让其渗透到我们的活动中，利用这些方式改变我们的经济发展方式。正如宁夏回族自治区平罗县干部群众送给环保厅的一个牌匾上所书，"污染治理优化经济增长，环境保护转变发展方式"，这才是真正的绿色转型的哲学。我们所强调的资源、环保、绿色、生态等概念都是与经济发展结合在一起，而不是倡导不要发展只去保护环境。一个区域乃至一个国家的绿色转型是一个摸索探索的过程，既然我国能够通过市场经济的办法激发国家经济的快速发展，同样也能够通过政策的调节，激发亿万人市场的力量，发挥群众的智慧，开辟绿色转型的新道路。

由于绿色经济具有绿色和经济的双重特性，所以，积极促进绿色经济发展需要从环保和经济两个方面制定政策。一般来说，环境政策的主要目的是使经济更绿化，经济政策的主要目的是使环保更赢利，这两者相互配合，可相得益彰，获得共赢。

促进绿色经济发展的环境政策，也是针对上述绿色经济的两项外延，从促进传统经济绿化和鼓励绿色产业成长这两个方面来考虑。这些政策并非完全是新生的，而是在环境保护工作中已经使用的一些手段，例如规划、环评、监管、减排、考核等。具体而言，主要包括以下几个方面：

（一）提高环境准入门槛，促进产业结构优化

要根据环境容量、资源禀赋和发展潜力，把国土空间划分为优化开发、重点开发、限制开发、禁止开发等主体功能区，制定不同的区域发展政策。根据环境容量和资源承载力确定污染物排放总量控制计划，并以此为基础制定经济发展总体规划和专项规划。在一些特殊的地区，要遵循环境优先的原则，严格按照法律法规和环境标准的要求，对经济社会发展规划、经济政策、建设项目等进行严格的环境影响评价，对环境容量不足和污染物排放超过总量控制计划的地区，要严格限制有污染物排放的建设项目的新建和扩建。

（二）加强环境保护管理和执法

依法关闭高耗能、高污染的企业，对排放污染造成重大损失的企业和个人依法追究责任。围绕水污染防治、大气污染防治、城市环境保护、农村环境保护、生态保护、核与辐射环境安全和推动解决当前突出的环境问题等重点任务，要进行严格管理和执法。

（三）强化环境与经济综合决策机制，实行环境保护问责制

把环境保护前置于经济社会发展的决策阶段，在经济决策过程中强化环境保护的把关和引导作用。从环境保护方面提出对国家和地区经济发展战略的重要建

议。对环境有重大影响的决策，应当进行环境影响论证，必要时实行环保"一票否决"制度，把环境保护作为国家宏观经济调控政策的主要标准和重要手段。改革干部考核和任用制度，重用在落实科学发展观和开展环境保护方面成绩突出的干部。

（四）把环保要求纳入生产、流通、分配、消费全过程

广泛推行清洁生产，鼓励节能降耗，防范和应对污染事故，构建低消耗、少污染的现代生产体系。实行有利于环境保护的流通方式，积极治理铁路、水运等运输污染，保障危险化学品运输和储存安全，限制高污染产品贸易，完善资源再生回收利用，建立清洁、安全的现代物流体系。大力倡导环境友好的消费方式，实行环境标志、环境认证、绿色采购和生产者责任延伸等制度。推行垃圾分类和消费品回收，建立绿色、节约的消费体系。

（五）制定和实施环境经济政策，创设有利于环境保护的激励机制

出台绿色信贷、污染责任保险、绿色投资等环境经济政策，把产品消费后的处置责任前移到生产者，从而激励生产者按照环境友好的理念进行产品设计，优化生产过程。通过制定引导性的财政和价格政策，引导企业走清洁生产和循环经济之路。通过调整水、电、煤等资源价格，促进企业采取资源节约型的生产工艺。开展环境保护模范城市、生态省（市）、生态示范区、环境友好型企业、绿色学校、绿色社区等创建活动，保障在推进经济发展与环境保护相互融合方面取得重要进展的地区获得荣誉和实惠。总体上说，绿色经济属于经济范畴，促进绿色经济发展的政策应主要从经济领域来制定，其中产业政策和财政政策最为重要。

第二节　柬埔寨绿色发展转型的政策与实践[①]

一、环境管理现状

（一）环境保护现状

柬埔寨是一个农业国家，80%的人口生活在农村地区，主要是依赖农业生产

---

① 本文为柬埔寨环境部副司长孔冠在 2013 中国－东盟环境合作论坛上的发言，有所删节。

作为生活的主要来源，31.4%的 GDP 来自于农业，27%的 GDP 来自于工业部门，剩下 36%的 GDP 来自旅游业、房地产及其他的服务业。例如农业、渔业、畜牧业、林业和非林业的一些产品。气候变化给柬埔寨带来了很大的影响，带来了环境负面的影响，同时也影响到了社区。柬埔寨意识到有必要将绿色增长的战略纳入到国家发展的战略中去，与此同时也要加强政策的科学性和丰富决策者的知识和技能，使重要的政策措施和工具主流化，实现柬埔寨经济高质量的增长。环境部在这个过程中发挥了非常重要的作用，制订了绿色增长的路线图，并且将要制定可持续发展战略，其中包括四项战略，第一加强农业；第二进一步加强和改善硬件基础设施；第三推动私营部门的发展和产生就业；第四能力建设和人力资源的开发。

1. 水环境保护

柬埔寨水污染主要存在于湄公河、巴萨河、洞里萨河等主要河流，特别是在各河流下游。造成水污染的原因包括数量不断增加的中小型企业排放的有毒有害废物、工业废水、生活污水、固体废物以及农业生产使用的除草剂、杀虫剂、化肥等。根据湄公河委员会的报告，柬埔寨已建立了地表水监测网络，并在湄公河干流及重要支流上设立了 19 个监测点位，平均每 2 个月监测一次水体质量。

水务设施建设方面，柬埔寨能享受到自来水供应系统的人口只限于大中城市中生活条件较好的居民，而居住条件较差且收入较少的人只能从流动水车中买水。首都金边是全国自来水供应情况最好的城市，每年人均自来水供应 47.43 立方米，包括工业用水在内。柬埔寨全国农村无自来水供应系统，百姓主要依靠井水或雨水解决日常用水问题。

海洋污染方面，由于缺乏有效的沿海环境保护规划、综合治理规划以及监测方案，城市生活垃圾随意排放，海港的大型建设活动肆意破坏沿海生态环境，导致沿海周边地区公共健康恶化、海水富营养化以及渔业生产能力下降等。

污水处理系统的建设则更为滞后，目前柬埔寨暹粒省、西哈努克省和马德望省已建成了污水处理系统工程，由政府直接管理，更多地区的生活污水和工业废水则基本上是直接排入公共水体。

2. 大气治理

柬埔寨人均二氧化碳排放量很低，约为 0.1 吨，远低于亚太地区人均 2.1 吨的平均值。柬埔寨境内还未建立环境空气质量监测站，只有在首都金边进行了常规的路边环境空气质量监测，并从 2000 年开始对 TSP、PM_{10} 间断性监测，对 CO、NO_2 和 SO_2 进行 24 小时监测。根据监测报告，首都金边及沿海中心城市的空气质量下降，主要因为硫氧化物、氮氧化物、碳氧化物及总悬浮颗粒物等。

图 2-1　柬埔寨农村小型煤化气炉发电站

注：本书图表资料来源于 2013 年中国－东盟环境合作论坛会议资料及发言材料。

3. 固体废物处理处置

柬埔寨的固体废物处理处置系统不甚发达。城市垃圾收集覆盖率低，农村则完全没有垃圾收集制度。即使在首都金边，垃圾收集率也只有 70%。由于缺少垃圾处理设施，多数垃圾仅采用露天堆放、焚烧的简单处理方式，许多地方甚至没有指定的垃圾堆放场地。柬埔寨首都金边市启用的 30 公顷的新垃圾场，其填埋量也仅能维持十年。

来自工业生产的有害废物处理也是该国城市面临的一大难题。多数城市的工业废物和其他废物一起在露天堆放和焚烧，没有有毒、有害或金属非物质规定的填埋场地，也没有采用其他形式进行处理。医疗垃圾由卫生部门统一焚烧。

针对废物造成污染的问题，柬埔寨环境部对工业企业运出的固体垃圾加强管理，划定了堆放范围，对有害垃圾进行技术处理。在一些城市，城市环境卫生部门将垃圾的收集工作承包给私人，在一定程度上提高了垃圾的收集率。

（二）主要法律政策

柬埔寨法律，从立法主体来看，既有国民议会和立宪大会，也有政府部门；从涉及的领域来看，包括空气污染、噪声、垃圾处理以及水资源污染等，比较全面。从总体来看，柬埔寨环境保护法律体系主要包括以下几部分：

一是宪法第 59 条关于环境保护的规定。国家保护环境和丰富自然资源的平衡，建立相应的计划管理土地、水、空气、地理与生态系统、矿产、能源、石油和天然气、岩石和沙砾、宝石、森林和森林产品、野生动物、鱼类和水生资源。

二是环境保护基本法律，即 1996 年 11 月 24 日颁布的《环境保护与自然资源管理法》。

三是环境保护的单行法，如《环境影响评估程序法》《固体废弃物管理法》《水污染管理法》《空气污染与噪声干扰管理法》。

四是环境标准，如《排放废水或污水入公共水域的污染源标准》《公共水域与公共健康水质标准》《环境空气质量标准》《移动源的气体排放标准》等。

五是柬埔寨王国参加的国际法中的环境保护法规。

二、绿色发展转型政策

（一）经济政策

近年来，柬埔寨认识到发展经济的重要性，采取很多措施来促进经济发展。同时，柬埔寨也充分意识到引进外资是促进落后国家经济发展的重要举措，在完善外国投资的政治法律环境方面做了许多工作，表现出极大的诚意。

税收方面的优惠政策是柬埔寨外资优惠政策中最为主要的方面。柬埔寨鼓励外商以 BOT 方式投资。柬埔寨于 1998 年 2 月颁布了《柬埔寨王国关于 BOT 合同的法规》，其第 13 条规定，按照 1994 年 8 月颁布的《投资法》及其实施细则，BOT 合同的被许可方应有权享受优惠待遇。柬埔寨也特别欢迎投资那些生产出口产品和代替进口产品的工业采用 BOT 方式投资，外商承诺生产产品 80%用于出口，政府将给予 100%的免税优惠。

2002 年，柬埔寨政府加大外资在高科技产业、农业、电力、加工业、电信、教育、旅游、基础设施、环境保护等方面的投资鼓励力度。对于上述项目，给予全部或部分免征关税的优惠待遇，在外资投资的前 8 年免征盈利税。

（二）产业促进政策

1. 助推绿色发展的政策和实践

为了能够实现绿色发展，柬埔寨有关部门制定并实施了相关的法律政策，主要包括：《关于环境保护和自然资源管理的皇家法令》（1996 年）《关于绿色增长国家委员会组织结构与职能的皇家法令》（2012 年）《绿色增长的国家政策》（2013 年）《2013—2030 年绿色增长国家战略》（2013 年）。

2. 柬埔寨 2013—2030 年绿色增长国家战略

柬埔寨新近制定的绿色增长国家战略，是未来指导柬埔寨推动绿色发展转型的重要政策性文件。其通过规范绿色发展的国家政策和战略发展规划，在促进经济增长的同时，确保与环境保护、社会发展相平衡，以帮助柬埔寨政府能负责任地管理自然资源，水资源、土地、渔业、森林等资源，并且带动民众生活水平提高的同时，推动教育体系改进。该国家战略主要内容如下：

第一，加强国家和国际机构方面的合作和协调。通过加强全方位、多领域的合作，确保柬埔寨在获得社会发展，环境改善与绿色增长的同时，能够保持自身国家文化特性。此外，柬埔寨进一步支持私营部门的投资，确保生态方面的安全，并且提高效率，实现绿色的增长，进一步保持人类以及自然栖息地的价值。

第二，开展科学研究并强化数据分析。柬埔寨进行了一系列的研究工作，同时让国家级和地方级的官员收集数据，并分析有关绿色增长方面的情况。同时，柬埔寨还研究影响到环境和农业发展等方面的情况，评估我们现有政策的执行情况，为制定未来国家绿色增长行动计划提供科学依据。

第三，注重经济、社会、环境的协调发展。柬埔寨将通过推动绿色增长，在国家和地区层面逐渐实现减贫。同时，柬埔寨将鼓励中小型企业以及大中型企业提高生产，减少对自然资源的消耗。此外，柬埔寨还将开展应对气候变化以及应对自然消耗提高效率方面的工作。

第四，关注人力资源开发工作。柬埔寨将把与绿色增长有关的课程纳入到职业培训及其他一些高等教育中，同时开展有关的研讨会与讲座，提高公众对于绿色增长的认识，知道自然资源的宝贵性，才能使得柬埔寨自然资源得到更好的可持续利用。柬埔寨还将要设定相应的中期与长期目标。

第五，推进可持续绿色技术的开发。柬埔寨将围绕水资源、生物多样性保护、可持续的土地使用等重点领域，开展绿色增长方面的技术交流合作。同时加强绿色经济、绿色投资，以及绿色发展等方面的技术的研发力度。同时，柬埔寨将支持私营部门在温室气体减排方面所作出的投资，以及加强清洁发展、清洁生产、循环经济等方面的技术交流。

3. 柬埔寨 2010—2012 年公共投资计划

2009 年 6 月，柬埔寨内阁会议审议通过了 2010—2012 年 3 年短期公共投资计划草案。该草案是柬埔寨五年发展战略规划（2009—2013 年）中的短期公共投资计划，旨在向国际社会和国内传递柬埔寨在未来 3 年中，社会经济发展中将优先考虑安排实施的投资和技术援助项目，规划各领域投资在柬埔寨宏观经济中所占比例，以及每年安排项目所需资金情况等信息，以便使国际发展合作伙伴向柬埔寨提供援助时，优先考虑已安排建设项目的需求。

柬埔寨将 2010—2012 年的公共投资计划的公共投资投向的重点放在带动国民经济发展、促进社会平衡发展的交通运输、电力能源供应、农村农业发展、水资源利用及提高社会福利保障等项目上，并在资金上给予保证。

该计划中，直接与环保产业相关的投资方向包括"清洁水供应"和"环保"两项，分别属于"基础设施建设"和"服务业及相关产业"两个大项。"清洁水供应"在总投资计划中占 4.42%，投资额 1.25 亿美元；"环保"在总投资计划中占 3.19%，投资额 0.9 亿美元。

4. 加强水资源开发

为发展经济、减少贫困、保障粮食安全和保护生态环境，近年来，柬埔寨采取了三大措施来加大水资源管理、开发和利用的力度。

（1）设立专门水管机构并制定国家水资源政策

1998 年 12 月专门成立水利气象部，2004 年 1 月出台《柬埔寨水资源管理法》。柬埔寨积极筹划未来，确定今后 5 年的水资源开发规划。2005—2008 年水资源开发需要资金 2.32 亿美元（政府投入 6.59 千万美元、外援 1.66 亿美元），未来 5 年水资源开发将致力于合理、有效、可持续地开发利用水资源，保护生态环境，减少水旱等自然灾害，减轻自然灾害对生活和财产的危害，努力实现水资源开发四大目标。

（2）大力兴修水利，促进经济建设

2001—2005 年第二个经济社会发展 5 年计划期间，柬埔寨水利建设实现了四大目标：一是水利建设为经济持续增长创造了广泛的基础和条件，积极引导私人投资水利，鼓励发展私营水利取得积极成效；二是教育贫民注意使用卫生的饮用水，并为水利建设提供足够的水资源、所需的贷款、市场、技术和信息等，有效地促进了文化和社会发展；三是确保了自然资源和生态环境的可持续利用和管理；四是通过执行政府的施政纲领，促进经济社会发展"四角战略"和减少贫困两大目标。

图 2-2　柬埔寨甘再水电站工程

（3）着力防治水旱灾害，减少经济社会损失

为防治水旱灾害，减轻经济社会损失，柬主要抓了以下 6 项工作：第一，加强气象和水文体系，广泛收集和宣传气象和水文信息数据；第二，完善气象站、水文站、降雨监测站和水位记录杆，就短期、中期和长期旱灾、水灾和台风向公众和有关部门预报并发布警报；第三，建立水文观测系统，确保提供预报用的水位高度和水文数据，为修建水利项目、加强水资源管理和利用提供参考数据；第四，建立气象观测系统，提供天气预报所需数据，向公众发布天气预报、介绍天气及其变化情况；第五，建立水利体系和及其监督体系，建立河流水源地和数据基地，编制国家洪水灾区地图；第六，完善地下水的信息和数据库。

三、绿色发展转型前景展望

柬埔寨《投资法》规定了柬埔寨政府鼓励投资的重点领域，其中涉及环保产业的项目包括：基础设施及能源和环境保护。中国、韩国和日本公司已在柬埔寨金边市投资开展了污水处理项目。柬埔寨海滨省份，以及马德望省、磅湛省和干拉省等地区的污水处理领域项目已经开始运作。

柬埔寨已经建立起相对完整的环保政策法规体系，但由于国家发展水平的限制，不论是环保基础设施的建设，还是对污染企业的管理，都还存在很多问题，环境污染未能得到有效控制。不过经济的发展，改善居民生活环境和生活质量的目标，以及对污染企业监管力度的增强，都将有助于该国环保市场需求的释放。根据柬埔寨 2010—2012 年的公共投资计划，直接与环保产业相关的投资方向包括"清洁水供应"和"环保"两项，投资额共计 2.15 亿美元，占总投资规划的 7.6%。

综上所述，柬埔寨已经开始重视土地用途的功能性，以及由于气候变化给环境和社区带来的大规模的负面增长，柬埔寨提出了绿色增长的倡议，注重培养经济发展的可持续性，培养可持续的生产和消费，鼓励提高能效，鼓励使用可再生能源，通过实施国家绿色增长的路线图，实现整个国家的可持续绿色增长。

第三节　缅甸绿色发展转型的政策与实践[①]

一、环境管理现状

（一）环境保护现状

从 2011 年开始，缅甸政府进一步加强了缅甸的环境保护机制保障力度，从政策、机构、机制进一步加强了相关建设。从全国层面，缅甸建立了国家环境保护委员会，该委员会自 2011 年建立，并于 2013 年进行了重组。在此基础上，缅甸政府将环境保护和林业局于 2011 年升格为环境保护和林业部。缅甸政府还根据环境保护的行业特点，于 2012 年开始在不同的部委建立了环境保护司。另外，缅甸还逐步建立了一些关于环境协调机制的机制。例如，土地使用委员会，在 2012 年缅甸建立了国家土地使用监督委员会，而之前缅甸没有适用于环境考量下的土

---

① 本文为缅甸森林与环境保护部环境保护司副司长郝马特在 2013 中国—东盟环境合作论坛上的发言，有所删节。

地使用政策。缅甸还于 2013 年建立了国家水资源委员会,委员会直接由副总统领导。另外,缅甸还于同年建立起了大坝管理委员会,形成了两个较大的绿色倡议的协调机制,一个是清洁生产机制,另一个是 LED 技术支持机制。这些都是为了能够进一步鼓励绿色投资,实现环境保护与发展的协调统一。

1. 水环境保护

缅甸的水污染来源主要来自农业、工业和居民生活。工业水污染中化工、食品、采矿、冶炼、造纸占了较大比重;农业污染主要是肥料和农药、畜禽粪便等;生活污水方面,绝大部分农村生活污水是未经处理直接排放,城市生活污水也有很大部分未经处理。此外,缅甸江河上游地区的采矿和伐木活动,以及中部地区的农业生产都引起了较为严重的水土流失,使水含沙量大量增加,进一步造成了对清洁水源的破坏。

缅甸的污水处理设施数量少且规模不大,直至 2004 年才在仰光建成全国第一座城市污水处理厂,处理能力约 1.5 万吨/日。

2. 大气治理

缅甸现代工业和化石燃料消耗量不大,其空气质量总体优良。缅甸尚未制定空气污染排放标准,其《污染控制与清洁条例》原则性地规定了一些关于空气污染控制的内容。限于财力、人力和技术条件,缅甸还没有建立空气质量监测系统。

目前缅甸降低空气污染的措施主要包括推广汽车使用清洁燃料、鼓励家庭和餐饮业使用高效节能炉,以及在国际资助下实施《亚洲温室气体减排最低成本战略项目》。

3. 固体废物处理处置

缅甸的废物管理一般由各地市政当局负责,没有私营成分参与。工业、建筑业固体废物由生产者自身负责处理,也可请求发展委员会帮助,但需缴纳费用。农村废物管理目前没有相应制度,也没有专门机构负责。

缅甸废物处理多数采用露天堆放和填埋的简单方式,也有少量被回收利用。据联合国环境署 2004 年的统计,缅甸城市废物处理 80%为露天堆放,填埋 10%,堆肥 5%,其他 5%。

为改善城市固体废物的处理处置情况,缅甸政府开展了"绿色无垃圾城市"运动,通过宣教提高市民环保意识。同时,从控制废物产生源着手,减少废物产生量，如收取垃圾费。仰光市规定，对乱丢垃圾者罚款最高可达 1 万缅甸元，从而有效防止乱丢垃圾的行为。

（二）加快机构改革，助推绿色发展转型

缅甸高度重视绿色发展转型。在过去两年，缅甸政府通过机构改革，进一步加强绿色发展的机制建设。从国家层面，缅甸成立了由总统主持的国家环境保护委员会，在该委员会下最主要的环境保护与绿色发展的行政主管部门是森林与环境保护部。森林与环境保护部中主管环境保护的部门是环境保护局。

此外，其他与绿色发展有关的主要部门还包括：国家水资源委员会、大型水坝管理委员会、国家土地利用检查委员会等。

（三）主要法律政策

缅甸于 1994 年通过了环境政策，1997 年出台了缅甸的 21 世纪议程，2009年通过了国家可持续发展战略，2012 年通过环境保护法，重点是绿色转型。在该法律当中，提出了要实行绿色经济发展的一些具体的激励措施。缅甸关于环境保护方面的法律主要有《环境保护法》《缅甸动物健康和发展法》《缅甸植物检验检疫法》《缅甸肥料法》《缅甸空地、闲地、荒地管理实施细则》《缅甸森林法》和《缅甸野生动植物和自然区域保护法》。

在水资源管理、水环境保护上，缅甸的立法比较滞后，目前缅甸设计水污染控制的法规只有《环境保护法》《仰光自来水厂法》《缅甸市政法》《缅甸运河法》《地下水法》《缅甸水力条例》等，但都还是英国统治时期指定的，有些法规已经难以满足时代发展的需求。

二、绿色发展转型政策

（一）经济政策

根据新投资法，外国投资者在缅甸可拥有公司百分之百的股权，也可选择与缅甸政府或私人界合资联营。如果是联营，外国人必须拥有至少35%股权。新法也允许外国人向缅甸政府或民众租用土地，租期最长可达 30 年，按不同投资种类与规模而定，还可延长两次，每次最长 15 年。不过，外国公司不能聘用非技术外

国劳工，同时必须提供足够训练，确保公司逐步增加公司技术劳动力中的缅甸人比例，最终是在营运15年后至少达到75%。

《外国投资法》规定：对以外汇投资与缅甸公民合作的外国投资者有权获得利润并带出缅甸、有权在项目完成后重新立项、在项目执行期政府不收归国有。

缅甸出口关税根据1999年9月召开的第13届东盟自由贸易区理事会议的决定，在2005年已对共同有效普惠关税（CEPT）清单内产品的关税全部调降至5%以下；另根据1999年11月举行的第二届东盟非正式首脑会议的决定，缅甸已于2015年免除所有产品的关税，达成自由化目标，实现完全自由化。

（二）产业促进政策

1. 实施国家可持续发展战略

以"实现缅甸人民的幸福和快乐"为宗旨，缅甸的国家可持续发展战略于2009年开始实施。该战略以环境、经济与社会3项维度，为缅甸绿色发展转型设定了3项目标：自然资源的可持续管理、经济的全面发展、可持续的社会发展。围绕着上述目标的达成，战略还规定了具体的实现路径，这包括：一是确定优先发展的主要领域，其中环境保护涉及11个领域、经济增长涉及9个领域、社会发展涉及6个领域；二是设定监测与评价的指标体系，其中环境保护涉及42个指标、经济增长涉及62个指标、社会发展涉及24个指标。国家可持续发展战略，主要有3个目标，分别是自然资源的可持续管理，综合经济发展，以及可持续的社会发展。

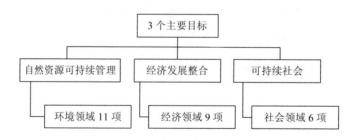

图2-3　缅甸国家可持续发展战略结构

缅甸政府现在已经有短期、中期、长期的关于可持续发展的一些计划。另外，建立起了一些新的指标，主要是来衡量环境保护和经济发展的一些情况。还通过了一些关于环境评价以及社会评价的指标政策。缅甸政府认为各行业在发展的过程中，很大程度上要依靠自然资源，所以必须要有可持续的自然资源的管理和使用。在各个不同的行业，还必须要进行严格的废弃物的管理。另外，在环境保护法中，还建立起了环境管理基金，希望能够在这个过程中，实现资源的共享。还有一些政策性指南，为了能够进一步支持已经通过的法律，进一步保护环境，缅甸新政府也制订了一些其他的政策以便能够保护环境。在这个过程中，在 2011 年出台的环境政策、指南和规划的主要目的是发展长期、中期和短期的计划，以便能够实现可持续的自然资源的管理和环境污染的控制。同时要能够对生态系统进行更好的管理，鼓励经济的发展，实现绿色经济的发展。投资指南重点是环境评价与社会评价，可以是环境影响评价，也可以是战略环境影响评价，通过这些方式可以促进环境保护的发展。要制定关于环境保护的计划，同时希望能够通过这样的指南增加更多就业的机会，使不同公司更好地履行社会责任。

2. 经济特区法鼓励环保项目投资

2011 年 1 月，缅甸和平与发展委员会颁布了《缅甸经济特区法》，该法的颁布为经济特区批准外资项目界定了基准，通过建设经济特区来加速国家经济发展。在《缅甸经济特区法》中列明了特区内可以投资的项目和领域以及优先鼓励投资的项目，环保项目即属于优先鼓励项目。

三、绿色发展转型前景展望

根据现有数据显示，缅甸环保产业非常脆弱，除极少数实力雄厚的外国公司外，参与环保的本土企业数量少、规模小。这些公司的主要业务为销售、生产污水处理设备及其安装维护、水净化设备、太阳能设备、家用卫生设施等。同时，也有个别企业提供大气、水质的监测设备及服务。

缅甸是传统农业国，工业落后，环境污染程度相对较轻，但也存在水污染、空气污染和植被破坏等问题。缅甸环境污染的主要原因在于其经济实力难以支撑足够的基础设施建设，卫生设施、水处理设施及其他环保设施的缺乏导致污染物得不到有效治理。缅甸的环境保护目前面临的最大挑战是：国民经济发展仍然高度依赖自然资源，所开发的项目中，大坝、公路和工业项目的数量不断增加，而这种经济增长方式是以破坏环境为代价的。

缅甸政府正在建立国家绿色发展战略，谋求形成政府与非政府机构的合作机制，建立绿色金融体系；将会更加关注绿色增长的政策、战略和规划，同时还将不断地鼓励绿色投资，例如自然资本的投资。在不同行业，尤其是废弃物处理行业中的投资，都是绿色发展的一部分，要有绿色的财政制度，还要有相应机制，还要鼓励对低碳技术的研发。缅甸在未来的一段时期内，在很大程度上，将会更多依靠包括外资在内的社会资本来完成环保领域的投资。

第四节　泰国绿色发展转型政策与实践[①]

一、环境管理现状

（一）环境保护现状

1. 水环境保护

泰国年均降水量 1 560 毫米，有丰富的地表水和地下水资源，但河流水质因生活污水和工业废水的排入而受到污染，河口附近尤为严重。泰国的观光场所已经逐步配备起排水设施，但城区人口密集，生活污水处理设施建设滞后。集中于曼谷的跨国公司排水设施较为完善，但中小企业排水设施依然落后。

20 世纪 90 年代，泰国开始建设污水处理设施，并增设废水管理处。废水管理处提出 20 年长期污水改善计划，在曼谷、清迈等大城市建设 40 座污水处理厂，并针对曼谷及周边城市兴建 6 座污水处理厂。同时规定大厦住户超过 500 户，旅馆超过 200 间的建筑物需自行配备污水处理设备，以改善污水问题。此外，泰国政府对 2 万家高污染废水排放企业进行管制，要求工厂安装污水处理设施，但仍有许多中小企业因资金缺乏而无法设置。

近年来泰国供水系统开始老化，对农业灌溉用水影响更甚。据泰国政府调查，全国 40% 的老旧供水管路需要轮换作业。为满足城市用水，都市水管理局和地方水管理局除了提高国内供水量外，也针对净水厂进行了部分扩建和改善。

2. 大气治理

泰国的大气污染主要源于工厂、能源部门和运输部门，农业部门对废物的不

---

① 本文为泰国自然资源与环境保护部环境保护局办公室主任尤莎·凯特柴在 2013 中国－东盟环境合作论坛上的发言，有所删节。

当燃烧也造成一定污染。1983 年泰国开始监测和控制空气质量，目前泰国全国 5 个区域共设立了 53 个空气质量监测站，并与曼谷的污染控制局计算机网络中心联网，对各地空气质量进行有效监控。

采用清洁燃料和清洁技术也是泰国积极改善空气污染的一项重要措施，例如，制定汽车排放标准，鼓励天然气使用等。对于燃煤发电站，泰国政府要求其利用脱尘及脱硫装置等基础处理技术来解决污染。

3. 固体废物处理处置

泰国的固体废弃物 80%采用露天堆放，12%卫生填埋，8%回收利用。部分老旧填埋场即将饱和，废物处理已成为泰国政府亟待解决的环保问题。泰国的工业废物污染异常严重，不仅存在工业发达的曼谷及周边地区，泰北地区也十分严重。

随后，泰国政府提出了扩增卫生填埋场的中长期发展计划，借此提高利用卫生填埋处理废弃物的比率。此外，垃圾焚烧技术也是泰国废弃物减量和处理的发展重点。泰国还成立了工业区管理局，对工业危险废物进行检测，各工业区的工厂都必须按照工业部第 25B.E.2531 号通知监测危险废物的运输、储存和填埋。

（二）管理机构设置

泰国负责环境保护的政府部门是自然资源和环境保护部，其主要职责是制定政策和规划，提出自然资源和环境管理的措施并协调实施，下设自然资源和环境政策规划办公室、污染控制厅、水资源厅、环境质量促进厅等 9 个部门。

目前，泰国高度重视并积极推动绿色发展转型。2013 年 8 月，作为负责绿色发展事务的最高机构的国家可持续发展委员会成立，并且该委员会主席由泰国总理担任。未来泰国走绿色增长道路，将通过国家可持续发展委员会的领导实现。

（三）主要法律政策

泰国关于环保的基本法律是 1992 年颁布的《国家环境质量促进和保护法》。主要的法规还包括：加强与保护国家环境质量法、有害物质法、健康促进基金会法、食品法、保护与促进传统泰国医学法令、森林法、能源开发与促进法、国家能源政策委员会法案等法。此外，泰国自然资源和环境部还发布了一系列关于大气和噪声、水、土壤、废弃物和危险物质等方面的一系列公告。

二、绿色发展转型政策

（一）经济政策

泰国将行业优惠重点从过去的制造业转向了农业和农产品加工业、科技及人才开发领域、公共事业和基础服务业以及环保和预防污染项目上。这一类企业（项目）属于特别重视的项目，无论设在哪一个区，均可获免缴机器进口税和免缴 8 年法人所得税的优惠。此外，设在第三区的投资企业（项目）还可享受补贴优惠，即从获利之日起，允许将水、电费的两倍作为成本从利润中扣除，为期 10 年。同时允许将基础设施的安装和建设费的 25%作为成本从利润中扣除，规定期限为：从获利之日起 10 年内，任选一年扣除上述费用。

（二）积极推动绿色发展战略的制订

作为指导泰国绿色发展转型的顶层设计与纲领性文件，泰国的绿色发展战略正在积极制订中。泰国绿色发展战略的框架主要包括了可持续的消费和生产，可持续的基础设施和可持续的投资自然资源。通过规划绿色项目，例如可再生能源、能效、有机农业、绿色采购、减碳的标签、减缓项目等，在绿色增长的前提下，在绿色增长的理念支持下使这些项目得到有效实施。目前该战略（草案版本）主要内容包括：

第一，分阶段、循序渐进地实现绿色发展转型。泰国将实现绿色发展的年限初步设定在 2030 年。到 2030 年时，泰国将实现四大目标：经济增长与环境友好的同步、社会的公平与减贫、环境的可持续管理与合理使用、人民的幸福与快乐。然而，在这之前泰国需要经历 3 个发展阶段：资源经济阶段（1955—1980 年），经济增长主要依赖自然资源、低成本劳动力和大规模的生产；知识经济阶段（1980—2000 年），强调创造价值的重要性并注重全球与本地市场的联系；绿色经济阶段（2000—2015 年），将核心构建低碳社会、推动零废弃物与绿色产品实施、呼吁公众的普遍参与。

第二，围绕重点领域，推动绿色经济发展。泰国构建绿色经济的重点领域主要包括：可持续生产与消费、可持续基础设施建设、加大自然资本投入、绿色商业与金融市场建设、绿色财税政策、构建生态效益评价指标体系。

第三，推广替代能源开发计划，实现能源安全与绿色发展的双赢。泰国替代能源开发计划的目标是在 2021 年将从依赖化石原料转向依赖可再生能源，可再生能源的使用比例增加至能源消费总量的 25%，实现能源消费的多元化，改变单一依赖化石能源的格局。关于替代能源，泰国将大力推广太阳能、生物质能源，风能以及水能等的使用。

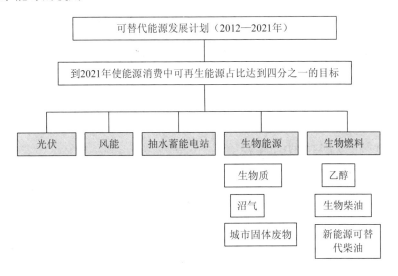

图 2-4　泰国可替代能源发展计划框架

（三）产业促进政策

绿色标签计划是泰国主要的产业促进政策。该计划由泰国可持续发展商业委员会于 1993 年 10 月发起，并于次年 8 月由泰国环境协会联合泰国工业部共同正式实施。泰国绿色标签的参与是自愿性的，适用于产品和服务领域，但不包括食品、饮料和药品。

实施该计划是为了促进资源保护、减少污染和对废旧物的管理，授予绿色标签的目的包括：提供可靠的信息，并且在消费者选购产品时起指导作用；引导消费者做出自主的环保决定创造机会，以刺激市场、鼓励生产商提供和进一步发展环保产品；在生产、使用、消费和产品处理过程中减少对环境的影响。

此外，泰国政府还在积极推动绿色城市的概念，例如在离曼谷 100 多千米的小城市，已经开始试点建设低碳性的城市，当地政府组织会议，召集社区里面各个利益的相关方，根据他们所做出的决定，政府建立起了一个绿色的规划区，科学合理地规划土地使用类型，如住房、商业区等。通过建立起城市规划方面的一系列政策，按照功能，规划出城市中的 5 个组成部分，通过一些土地使用的法律，减少了能源消费，减少了废弃物产生，并且进行废物的管理，提高了人们环保的意识，形成了特有的低碳型城市的模式；还通过大规模地引进节能设备，完善节能的交通运输系统，固体废弃物的管理，推进公众意识的提高。该模式证明，推动绿色城市以及相关绿色产业，成功的要素既要有强有力的当地政府领导，还有当地的社区积极参与项目。在泰国，这个绿色城市的做法将会推广到其他的城市，其他城市也可以根据自身情况，建立起适合自身发展的低碳型城市，将来他们也可以将自身经验推广到其他地方。

三、绿色发展转型前景展望

泰国的水供应和废水处理市场正在成为工程咨询服务的受青睐领域，因城市和工业部门的需求回升，预计水供应和废水处理市场需求会有大幅增长。人口的增长以及水资源的短缺，促使政府鼓励投资供水和污水处理项目，到 2015 年，对该市场的投入很可能达到 1.773 亿美元。

相关资料显示，泰国自然资源和环境部污染控制司预估全国废弃物产生量每年将以 4%的速度增长。这些固体废弃物的 80%采用露天填埋场进行处理，12%进入卫生填埋场，8%则进行资源回收。部分老旧填埋场即将饱和与新场址觅地困难，已成为泰国目前亟待解决的环保问题。此外，泰国境内利用焚化技术来处理废弃物的比例较低，热处理法等相关技术将成为该国废弃物处理的发展重点。

环境保护已经在泰国占有越来越重要的地位，这在泰国制定的第 11 个国家经济与社会发展五年规划（2012—2016 年）中有所体现。在这个规划中，重点关注 6 个方面内容：稳定农业粮食生产，实现经济稳定增长，推动与邻国的良好关系及贸易往来，改善环境和保持可持续发展，推动社会公平，建立公民长期教育制度。另外，根据《授权财政部借款用于建立水资源管理系统和建设国家未来法令》和《2012—2016 年基础设施投资计划》项下的支出，泰国政府借债额度和公共债务水平可能超过 2012 年，以按计划进度在投资额度内实施水资源综合治理和基础设施计划。诚如前文所述，泰国地水处理市场正在成为工程咨询服务青睐的对象，且泰国政府已经为水和污水处理的发展和管理建立起一套综合措施。政府已经为灌溉项目投入巨资，并持续做出预算支出，以确保该国有足够的净水供应。政府的支持和严格执行有关法规预期会促进供应商市场，由于当地高科技产品生产能力有限，从而为国外进口的产品和服务提供了市场商机。泰国大约80%的水处理设备从如日本、美国和欧洲购进等国进口。

工业领域的回升拉动了泰国对水和废水处理设施的需求。先进的水和废水处理技术又会在高增长行业，如汽车、电子、电器、造纸和纸浆以及钢铁行业寻找到巨大商机。而环境意识的提高和制定一个全球环境保护标准的需要也会促进泰国水处理市场的发展。

在其他领域，泰国政府未来还将投资7.8亿美元实施废弃物处理计划，该计划将兴建符合标准的卫生掩埋厂，以提供一般废弃物的最终处置，此外还将投资9 600万美元兴建有害废弃物处理中心。空气检测方面，泰国政府计划增建30座空气监测站。

第五节　强化科研支撑　助推绿色发展转型①

一、中国与东盟在环境与发展领域面临的共同挑战

中国和东盟国家陆地接壤，海洋交汇，河流互通，在环境与发展领域面临许多共同挑战。同时，中国与东盟大多数国家同属于发展中国家，随着经济的发展，双方都面临着植被破坏、水土流失、土壤退化、气候变化和生物多样性丧失等日益严重的环境问题威胁。

为了减少环境安全风险，一方面应努力治理国内环境问题，另一方面还应积极开展中国与东盟各国的环保合作，加强技术交流和合作，共同面对环境治理问题，推动区域绿色发展转型，建立亲密合作伙伴关系，实现区域绿色转型与可持续发展。

二、发挥区位与科研优势，为深化中国－东盟环保合作搭建桥梁

广西大学创办于1928年，首任校长是中国著名教育家、科学家马君武博士。

---

① 本文为广西大学副校长罗廷荣在2013中国－东盟环境合作论坛上的发言，有所删节。

经过 80 多年的建设，广西大学已经成为中国"211 工程"建设学校，中国教育部与广西壮族自治区人民政府共建高校，以及广西唯一的中西部高校提升综合实力计划学校。学校确立了建设高水平区域特色研究型大学的办学定位和发展目标。

"广西大学中国－东盟研究院"立足于地缘和区位优势、广西大学综合性交叉学科优势而设立，着重研究中国－东盟双边贸易（CAFTA）、资源开发利用与生态环境保护等领域上的跨国合作问题，在国内乃至东盟国家有重要影响。2012年建立起"10 + 8"（10 个国别研究所，相关领域的 8 个专业研究所）运行框架，研究领域涉及经济、法律、文化、民族及生态环境，其中北部湾发展研究中心、GMS 研究中心，以及中国－东盟生态研究所的研究内容都与中国－东盟环境保护有密切关联。

在人才建设方面，中国－东盟研究院以"长江学者"、"八桂学者"、"特聘专家"等方式，吸收国内、国外其他高校或研究机构的科研力量加入，跨学科交叉组建研究团队，该团队是在全国从事东盟领域研究人数最多的团队之一。目前已有研究人员 56 人，其中教授（研究员）职称 39 人，70%以上具有博士学位。"广西大学中国－东盟研究院"获批"自治区人文社科重点研究基地"，牵头建设的"中国－东盟区域发展研究协同创新中心"成为自治区级协同创新中心。目前，"广西大学中国－东盟研究院"承担了"中国－东盟双边贸易研究"等多项国际合作，不仅在区域内影响深远，也为中国与东盟各国在未来更深入的合作打下了良好基础。2010 年，"广西大学中国－东盟研究院"成功获得教育部社会科学研究重大课题攻关项目。这是广西历史上教育部该级别项目"零"的突破，也彰显了广西大学的中国－东盟研究在全国的优势地位和领先水平。广西大学正投资 2 000 多万元建设中国－东盟研究国际在线研讨平台和中国－东盟全息数据研究与咨询平台，致力打造"中国－东盟"领域国家级智库。

今年是中国与东盟建立战略伙伴关系 10 周年，十年来的发展经验告诉我们中国与东盟的合作关系将会越来越密切，中国与东盟在环境保护领域上的合作也会不断地深化和发展。我们要利用好中国－东盟环境合作论坛的重要平台，大力开展海洋产业发展与环境保护可持续发展方面的基础研究，充分发挥和利用广西大学在中国－东盟环境保护研究领域的优势和地位，夯实研究基础，力争在"十二五"期间取得一批重要的研究成果，为中国－东盟海洋产业与环境保护领域建立一支新力军，为国家和广西壮族自治区的经济建设服务，为中国和东盟成员国高层决策提供科学的政策建议。

第六节 新加坡实践经验

新加坡 LHT 控股有限公司通过改进生产工艺，流程绿色化再造，技术创新等一系列手段，形成了特色鲜明的环保产品，并将价值链进行延伸。其控股的新加坡木业公司遵循的原则是用回收的废弃物进行新产品研发，保证产品的创新性，在生产流程中逐步申请得到诸多认证，比如绿色标签，国家 ISO 标准等，以确保产品是绿色的。在新加坡有一个机构是专门提供绿色标签的，另外还有一个绿色建筑委员会，它也专门指导并为企业提供关于绿色建筑材料的认证。新加坡还有一些其他的政府机构，帮助企业进行绿色产品的国际合作和推介，使得例如 LHT 等企业的业务能够真正的国际化，能够使其产品更加顺畅地出口到国外的市场。该公司通过这些木材废弃物的回收制成新的木产品，在制作的过程中，把这些木材的废弃物进行处理，生产出新的产品，产品的质地、密度和色泽都是一致的，这些用新技术生产出来的回收物可以做各种产品，该公司回收大量的木材废弃物，利用这些废弃物生产大量的木材，使生产过程中避免更多的树木被砍伐。

该公司的产品包括木门、木地板等，都符合绿色标准，且达到了国际标准，可以出口到世界各国，也使该公司成为了国际供应链的一个组成部分。另外，还有一些木头片经过处理之后，可以用来发电。这些可以用来做家具，还可以做其他的产品，包括生产的 ITPC 木头板，都是该公司的创新。在废弃物的利用过程中，该公司也做了很多工作，在新加坡有很多这样的废弃物，还有一些是来自园艺的废弃物。每一年都会有很多吨废弃物，该公司每个月都会回收很多废弃物，用这种办法也可以节省很多成本。

在生物纸方面，该公司采取了一个 LCA 的项目，项目的主要目的是节省资源，把它用在木材制品方面，也可以把它作为木板或者是木地板。还可以将回收回来的一些不是很好的木屑制成生物纸。通过生物纸的生产，可以大量减少发电厂和二氧化碳的排放等。

处理废弃物的时候，把这些废旧的木材做成生物纸是非常有意义的，并且具有商业价值。另外，收集来的废弃物不需要进一步的烘干，可以节省能源。对工厂中的废弃木材进行再次回收，制成生物纸，在这个过程中，几乎没有任何的二氧化碳的排放。该公司还邀请合作伙伴参与，形成真正的绿色行业，绿色交通。该公司通过生产全流程再造，利用回收废弃木材的经验，不断创新工艺技术，通过产品的绿色生产，绿色包装和绿色服务，实现了企业的绿色转型发展。

第三章　构建绿色发展转型伙伴关系

第一节　桂林市的绿色发展转型[①]

一、桂林市基本情况

桂林市位于广西壮族自治区东北部，北与湖南省交界，西面和南面与柳州地区相连，东面与贺州地区毗邻，区位条件比较优越。桂林市属山地丘陵地区，为典型的"喀斯特"岩溶地貌，遍布全市的石灰岩经亿万年的风化侵蚀，形成了千峰环立，一水抱城，洞奇石美的独特景观。桂林市属亚热带气候，气候温和，雨量充沛，年平均降雨量为 1 900 毫米，全年无霜期 300 天左右，年平均日照 1 550 小时以上，平均温度 19℃，可谓冬无严寒，夏无酷暑。

桂林市是世界著名的风景游览城市和中国历史文化名城，是广西东北部地区的政治、经济、文化、科技中心。全市辖 5 个城区 12 个县，总人口 493.8 万人，总面积 2.78 万平方千米，其中市区人口 72 万人，面积 565 平方千米。

桂林市自然环境优美，是旅游观光的最佳景区：有被誉为"大自然艺术之宫"的芦笛岩，有为人熟知的桂林市城市标志象鼻山，有挺拔峻峭的叠彩山、伏波山、独秀峰，有宜探险漂流的资江，有华南第一峰的猫儿山，有度假保健胜地龙胜温泉，有瑰丽壮观的龙脊梯田，有"百里画廊"之誉的漓江风光更是桂林山水之精华。

桂林市也是一座具有 2 000 多年历史的文化名城，古文化遗址丰富：有秦代建筑灵渠，是中国古代三大著名水利工程之一，与古运河、都江堰齐名，有目前中国规模最大、保存最完好的王城和陵墓——明代靖江王城和王陵，有中国四大

---

① 本文为广西壮族自治区桂林市副市长周卫在 2013 中国—东盟环境合作论坛上的发言，有所删节。

孔庙之一的恭城文庙，有历史悠久的全州湘山寺，有历代摩崖石刻 2 000 多件，其中"桂海碑林"、"西山摩崖石刻"最为著名。

桂林市知识技术密集，科技人才丰富，有中国地质科学岩溶研究所、桂林电器科研所、广西植物研究所等在内的县以上科研机构 20 个，专业技术人员 8.8 万人，桂林市现有各类各级学校 2 349 所，其中大专院校 7 所。广西师范大学为全国文科教育基地，桂林电子工业学院、桂林工学院多年来为国家培养了各类急需的专门人才。

二、桂林绿色发展之路

20 世纪 70 年代，桂林市为追求经济的快速发展，在市区建设钢厂、印染厂、化工厂、电厂等一批严重污染企业，造成空气污浊、青山变秃、河水发黑的严重后果。这种现象，被时任总理的邓小平发现并得到及时制止。在中国国家领导人邓小平同志的关怀下，桂林市全面走上绿色发展的道路。

为使漓江水质清澈、桂林空气清新，桂林市从 20 世纪 70 年代末到 80 年代初先后"关、停、并、转"污染重、能耗高、效益差的企业 70 多家；严格限制高能耗、高污染的企业进入桂林；大力发展高新技术产业，不断开展企业升级改造；新建污水处理设施，在 80 年代就建成 4 座城市污水处理厂，在污水集中处理方面走在全国前列；积极开展生态文明建设，开展市区环境综合整治和生态市建设，制定了《桂林生态市建设规划》，并按规划稳步推进；强力推进市区锅炉"煤改油、煤改气"的行动，经过几年的努力，市区基本无燃煤锅炉；逐步推进农村环境综合整治，开展农村连片整治和有机农业、生态农业、循环农业的转型；推动企业清洁生产和循环经济；鼓励低碳生活和绿色旅游。

现在桂林市正在全面开展临桂新区建设，目的是减轻漓江负担，推进桂林绿色发展，实现生态环境保护。"山清水秀也是政绩"的理念在桂林历届领导中传承；保护生态环境，促进可持续发展是历届市委、市政府对全市社会经济发展的决策基础。桂林市委、市政府在促进经济发展中一直坚守着一条底线：不能以牺牲环境来发展经济。

在全市人民的不懈努力下，桂林的山水得到长期有效的保护，桂林市的环境质量得到不断的改善，桂林市的生态旅游环境得到不断的提升，桂林相继赢得了"国家环保模范城市"、"国家卫生城市"、"国家园林城市"、"中国优秀旅游城市"、

"全国节水型城市"、"全国绿化模范城市"、"全国创建文明城市工作先进城市"、"全国城市区域和道路交通噪声环境'双十佳'城市"、"中华环境奖"等一批荣誉称号，还被中央电视台评选为"全国十佳魅力城市"、"中国十大宜居城市"和"最适合人类居住的高幸福指数城市"等。"江作青罗带，山如碧玉簪"、"愿作桂林人，不愿作神仙"，桂林自古以"山青、水秀、洞奇、石美"而享有"山水甲天下"之美誉，由于绿色发展再次名至所归，桂林的山水美景先后得到游览过桂林的 150 多位国家元首或政府首脑赞美。

三、构建绿色发展转型

绿色发展，使桂林变得更美，还可使桂林人民获得实惠。桂林人民取得的阶段性的成绩，不断激励着桂林市委、市政府和全市人民为构建绿色发展、促进企业转型而努力开拓，不断激发市委、市政府和全市人民为把桂林建设成为世界一流人居环境而奋力创造。为实现绿色发展，桂林市着力推进经济结构转型升级，发展高新产业。

1. 筑巢引凤，构建桂林高新产业区

桂林国家高新区成立于 1988 年 5 月，1991 年被国务院批准为第一批国家级高新区，也是全国 5 个少数民族自治区中的第一家国家级高新区。近年来，桂林国家高新区打造了国家级创业中心、留学人员创业园、全国产学研示范基地、首批国家级大学生创业见习基地、自治区知识产权试点园区、首家自治区级大学科技园等平台，实施了一站式服务，为投资创业者提供了一个极为方便的办事平台。由于拥有产业发展优势、空间发展优势、自主创新优势、政策环境优势，桂林吸引了日本 NEC、德国的 BASF（巴斯夫）、美国的英格索兰、英国的皮尔金顿等世界著名企业落户。市委、市政府对高新区实行封闭式管理体制和开放式发展模式，赋予高新区市一级经济管理权限和相关行政管理权限，确定了"统一管理、全市共建、外引内联、政策灵活、管理创新"的 20 字发展方针，进一步扩大对外开放，推进科技与经济的结合，桂林高新区进入了快速发展轨道，综合实力显著增强。目前高新区拥有高新技术企业 166 家，累计实施高新技术项目 682 项，开发具有自主知识产权的产品 342 个，基本形成了电子与信息、机电一体化、新材料、生物医药工程、环保产业等五大支柱产业。高新产业的推进，使桂林市步入可持续发展的道路。在桂林经济社会发展的同时，有效地保护好桂林的山水。

2. 开展环境综合整治，构建绿色发展

一是不断推进市区水环境综合整治，开展了以整治内湖水质为目标的"两江四湖"建设工程。第一期工程的竣工，完成了内湖的全面清淤截污，实现了内湖湖水与漓江、桃花江的沟通，漓江水直接引入内湖，使得内湖水质达到我国地表水Ⅲ类标准的目标，全面改善了内湖水质，市民能够下湖游泳。这不但为市民创造了更舒适、便捷的生活环境，而且还为游客创造了新的旅游景点，使桂林市的城市风貌得到了很大的提升。为进一步提升桂林市的水环境，实现绿色发展转型，桂林市在原有整治的基础上，进一步推进"两江四湖"二期工程和对市区南溪河、小东江、桃花江、灵剑溪等漓江支流进行环境综合治理的工程。通过整治，桂林市水环境质量得到不断提升，绿色发展的成果不断显现。二是实施清洁生产审核，推动企业升级改造。在全市范围内推进企业清洁生产，以创建"国家环保模范城市"为抓手，促使全市85家重点企业开展清洁生产审核工作，推动产业转型升级，促进企业进行工艺改造、设备更新和废弃物回收利用，使企业实现绿色发展转型，走上"节能、降耗、减排、增效"的新型工业化道路。三是开展污染企业清理整顿，促进绿色发展转型。在全市范围内对污染严重的铁合金行业进行清理整顿和升级改造。对不符合国家产业政策的企业采取强制取缔和关闭；对达不到环境保护要求的，进行限期整改，使桂林市铁合金行业实现健康、可持续发展；在市区实行环保专项行动，关停和搬迁市区污染严重的企业。为保护漓江，促进全市绿色发展和企业转型，桂林市从20世纪70年代起，先后关停了市区的桂林染织厂、桂林轴线厂、桂林蜜果厂、桂林糖果厂等超过70家污染重、能耗高、效益差的企业，对位于市中心区的污染企业桂林电厂、桂林腐乳厂、桂林红星化工厂、玻璃厂、制药厂等实施整体搬迁，使市区内废水、废气等环境污染大大减少。

3. 开展生态文明建设，推进农村连片整治

桂林市将生态市建设作为推进生态文明建设和绿色发展的重要载体。通过生态市建设，加快转变经济发展方式，调整产业结构，强化节能减排。结合农村连片整治和"美丽桂林、优美乡镇建设"等活动，扎实推进农村土地整治、改水、改厕、改栏舍以及污水、垃圾处理设施建设，实现村庄净化、绿化、美化。通过打造一批生态养殖示范园、有机种植生产示范基地和生态文明示范村等，逐步改善了人与自然相互依存、相互促进的良性互动关系，实现人与自然的和谐，实现城乡经济的绿色发展。

四、绿色发展推进重点

桂林市将围绕国家发展改革委正式批复的《桂林国际旅游胜地建设发展规划纲要》，打造国际旅游胜地，建设美丽桂林。

第一，继续保护好漓江风景。以《广西壮族自治区漓江流域生态环境保护条例》为依据，加大漓江水资源保护力度，科学利用漓江资源；严格水功能区监督管理，加强漓江河道的整治与管护；保护地下水资源，严格控制地下水开采；加强石山洞穴景点开发管理及安全管理，防止过量游人对石山洞穴景观的破坏，实现绿色旅游。

第二，将桂林建设成世界一流的旅游目的地。充分发挥桂林得天独厚的自然山水风光和历史文化资源优势，深度挖掘文化内涵，开发特色旅游产品，打造旅游精品，完善服务设施，规范市场秩序，提升国际知名度和美誉度，将桂林建设成为世界一流的山水观光休闲度假旅游目的地和旅游集散地。

第三，将桂林建设成全国生态文明建设示范区。充分发挥桂林"山清水秀生态美"的品牌优势，坚持环境优先、生态保护、绿色发展的理念，推行资源节约型和环境友好型的发展方式，将桂林建设成生态绿色产业发达、自然环境优美、经济与资源协调发展、人与自然和谐相处的生态文明建设示范区。

第四，将桂林建设成全国旅游创新发展先行区。充分发挥旅游业的引领作用和驱动功能，做大做强旅游业，采用创新旅游业与其他产业融合发展模式，形成以服务经济为主导、特色经济为支撑的现代绿色产业结构，成为全国通过旅游创新发展带动产业升级和城市化的先行城市。

第五，将桂林建设成区域性文化旅游中心和国际交流的重要平台。以桂林厚重独特的文化资源为依托，充分发挥对外开放和区位优势，积极开展区域间合作和国际性旅游、文化等交流活动，提高对周边区域的辐射力和国际影响力，带动广西周边地区和湘粤滇黔等区域旅游业发展，把桂林市打造成区域性文化旅游中心和全方位对外开放的国际化城市。

第六，加快建设桂林高新技术产业开发区。重点发展西城经济开发区等产业集聚区域；积极推进苏桥经济开发区升级为国家级开发区；加快发展各具特色的县域和城区工业集中区域。

五、构建绿色发展转型与合作伙伴关系的期望

桂林市既是山水优美的城市，也是充满活力的城市。桂林推进和发展绿色产业不仅有强大的现实基础，还有明显的示范效应。我们十分期望能在绿色发展转型方面与东盟进行多方位、全面的合作。

第一，希望在桂林国际旅游胜地建设方面加强合作。东盟的许多旅游资源与桂林秀美的山水有着不同的特色，桂林与东盟在旅游资源方面有很强的互补性。我们希望在东盟"10＋3"的合作机制框架下，加强旅游宣传推介和互送客源，积极为各国旅游企业之间的合作搭建平台，共同打造一程多站的旅游产品，建立和完善旅游服务质量保障机制，建设区域旅游业的大格局。

第二，希望在发展绿色能源方面加强合作。桂林按照国际旅游名城的城市定位和经济社会发展要求，引进电动汽车生产线，全面推动电动汽车在桂林市的产业化发展。现在桂林市又将这一技术应用到旅游客车上，决心为桂林这座中国独一无二的国际旅游名城奉献无污染、零排放的绿色客车。同时太阳能光伏产业近年来在桂林市发展迅猛，当前正加快培育发展千亿元太阳能光伏产业，努力将桂林打造为中国重要的太阳能光伏产业创新基地、生产制造基地和应用示范基地。作为当今世界最清洁、最安全、潜力较大的新兴产业，太阳能光伏产业将是桂林市绿色发展的重要支柱产业。我们希望东盟国家能在这些绿色能源方面加大合作，共同投资、开发、利用、推广。

第三，希望在绿色产业方面加强合作。桂林市为实现绿色发展，在高新园区内重点培育发展新材料、高端装备制造产业和动漫技术。桂林国家高新区创意产业园被广西壮族自治区文化厅批准成为广西"动漫试验园区"，通过"桂林山水甲天下"的市场吸引力，结合当地企业的形象宣传来做大做强当地的文化产业。同时吸引了迪斯尼互动娱乐公司等一批国外知名企业入驻，高新区也成为中国创意产业与国际前沿"无缝对接"的重要桥梁。除此之外，桂林市还成立了桂林绿色能源智能电网产业园，项目的竣工投产直接促进桂林市电气工业及相关行业的发展，有力推进桂林市产业结构调整和转型升级，企业生产各类节能、环保新型输配电设备。我们希望东盟国家能在这些绿色产业和产品上给予支持、帮助和合作。

第四，希望在生态农业方面加强合作。桂林市既是国际旅游城市，也是广西

农业大市。在培育和发展生态农业、有机农产品，促进农业向有机农业、生态农业、循环农业的转型取得了一些经验。近年来，桂林市创新耕作制度和耕作模式，结合全国循环农业示范市创建工作，在巩固"猪—沼—果"、"猪—沼—菜"等高效循环农业发展模式的基础上，在双季稻地区大力推广"稻—稻—菜"、"稻—菜—薯"、"稻—稻—菇"、"稻—灯—鱼—菇"等耕作模式，实现了田地亩产吨粮、产值万元的目标。桂林还盛产许多名优农业产品。我们希望能与东盟各国家在生态农业技术和产品上互通有无。

第二节　老挝的绿色发展转型①

一、环境管理现状

（一）环境保护现状

1. 水环境保护

老挝水资源丰富，且人口较少，年供水量为 10 亿立方米，其中农业用水占 90%，居民生活和工业用水分别占 4%和 6%。在工业化进程中，老挝开始面临严峻的环境问题。城市快速发展带来大量工业污染。城市现有的供水系统老化，大城市地下水污染问题严重。

供水方面，老挝在全国各省设有国有机构负责城市供水。农村的水供给由公共健康部所属的国家环境健康与水供给中心负责。另外，老挝一些私人企业参与农村水供给和农村卫生基础设施的设计、建造和管理，但目前还不成规模。

同时，老挝政府已经开始着手执行《千年发展目标》（MDG）。根据这个规划，到 2015 年，没有可供水的人口要能饮用上安全用水和享有基本的卫生设施。

2. 固体废物处理处置

老挝的垃圾处理设施比较落后，根据对老挝 57 个城镇的调查，只有万象和 4 个二级城市使用垃圾填埋法，且处理区域很小。而其他地方，随意倾倒和燃烧垃圾仍是惯用做法。

---

① 本文为老挝自然资源与环境部环境质量与发展司司长卡帕迪·卡曼内在 2013 中国－东盟环境合作论坛上的发言，有所删节。

1997 年，万象只有 5%的家庭获得了固体废物收集系统服务，估计有 10%的固体废物被收集。随着固体废物管理的改进，2005 年已有 48%的家庭受益于固体废物收集系统，约一半的固体废物被收集，并在填埋场处理。总体而言，老挝现阶段处理垃圾的能力和技术仍十分有限。

（二）管理机构设置

自然资源和环境部是老挝最高环境保护行政主管部门，在 2011 年，由水资源与环境管理和土地管理局、地质部以及森林部的部分机构合并组成。1999 年正式实施的《环境保护法》中规定，老挝的环境监督机构由下列组成：科技和环境机构、部级环境监督工作组、省、市、特区环境监督工作组、县级环境监督工作组、村级人民政府。

（三）主要法律政策

老挝在环境保护方面的法律法规主要包括：《宪法》《环境保护法》《环境评估办法》《森林法》《土地法》《矿产法》《水资源法》。

为遏制日益严重的工业污染问题，老挝于 1994 年制定了限制工业排污的法令，对不同工业类型规定了不同的具体标准，包括制糖、制衣和造纸等领域。

二、可持续发展情况

老挝的绿色经济还处在初级阶段，在定义、原则、评价指标和国家战略等问题上还处于讨论阶段。目前，老挝的主要精力集中在可持续发展国际战略方面，包括经济、社会和环境等三大支柱，尤其在可持续发展的整合规划及决策制定方面。

（一）现状

1. 经济方面

老挝是欠发达国家，长期以来经济形态高度依赖自然资源及成品。在全国 147 个地区里面，有 72 个地区是贫穷的，其中有 47 个地区是最贫穷的。若要在 2020 年完全改善老挝的现状，人均 GDP 达到 1 700 美元，老挝计划在 2015 年达到"千年发展目标"，这就要求在 2015 年前年均经济增长率为 8%。现在老挝经济正处于快速增长期，这就导致了大量的不可持续发展的活动，如很多在国家规划之外的活动及效率低下的工程项目。

2. 社会方面

主要的问题是贫穷，处在贫穷线以下的家庭所占的比例 2002—2013 年为 27.7%，2009—2010 年为 20.2%，2011—2013 年为 16%，老挝的目标是在 2015 年将其降至 10% 以下。由于贫穷率比较高，导致人口的快速高增长和对自然资源的高度依赖，出现了砍伐焚烧森林、非法砍伐与交易树木等不可持续现象。

3. 环境方面

在管理以及保护方面缺乏经验，导致森林覆盖率从 1960 年的 60% 下降到 1992 年的 47%，以及现在的 40.5%。老挝计划到 2015 年、2020 年使森林覆盖率分别达到 65% 和 70%。

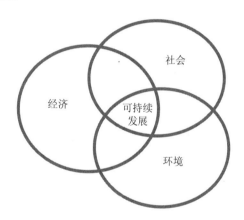

图 3-1　可持续发展的三大支柱

（二）促进绿色经济与可持续发展的经验

1. 经济方面

首先，为保证可持续发展在经济、政治和环境三大支柱方面取得平衡，在农业、交通、教育与卫生等 4 个方面进行投资。与此同时，从资源型经济、半资源型经济转换到产业型经济和可持续为基础的经济，如水力发电，生态旅游等。最后，加快工业化和现代化进程，促进经济的快速发展。

2. 社会方面

以可持续的方式整合农村地区的发展及消除贫困：以更好的替代升级和增加适应性环境容量来取代轮耕。为此，在2015年之前在每个区建立1～2个示范村庄。同时，将偏远地区的几个小村庄合成一个大一点的村庄，并在2015年之前在每个省建立1～2个新型模范社区（小型城镇）。

3. 环境方面

将森林分成3类：保护类、保留类及产品类。同时，在可持续自然资源管理方面制定国家、地区及地方的政策与战略规划，包括利用三星去中心化政策来进行规划（在省级建立战略规划单位，在地区级建立深度强化单位，在村级建立发展单位）。同时，利用EPL 2012来加强环境执法。

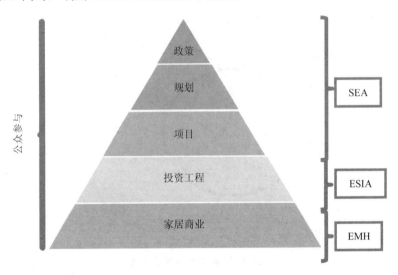

图3-2　评估的层次结构

注：SEA，战略环境评估；ESIA，环境与社会影响评估；EMH，家庭经营商业的环境管理。

（三）环境保护执法（EPL）2012年强制实施的经验

在环境保护执法方面，老挝有一个固定的、透明的政策，并为既定的目标制定了实施框架，以阻止预期外的发展。同时，在4个省份有统一空间规划示范项目，另有6个省份即将实施该项目，并在2014年年底前所有19个省份都将实施该项目。国家级的统一空间规划项目也在进行当中。

三、绿色发展转型政策

在绿色发展转型方面，需要将国家环境 5 年计划 II（NEAP）、省级环境保护五年计划（PEAP）及统一空间规划（ISP）与政府政策、战略结合起来。同时，还要保证 ISP 项目的有效管理与实施。为保证三星去中心化三原则的实施，老挝将初级环境考试审批权下放到省级，并将家庭企业的环境管理下放到地区级。从2012 年 9 月至 2013 年 9 月，在 17 个省，51 个地区（每个省 3 个）进行了为期一年的三星实验项目的培训与实施。

在老挝国家环境五年计划 II 里，将如下领域确定为优先发展的领域：可持续发展与绿色经济；提升环境质量、污染监测与控制、保护区与生态补偿和气候变化，并对政策、法律框架和加强机构、人员、财政力量方面的项目进行支持。

（一）经济政策

老挝对商品的进出口管理较为宽松，在老挝的所有经济实体享有经营对外经济贸易的同等权利，除少数商品受禁止和许可证限制外，其余商品均可进出口。

1. 鼓励外商投资的领域

对电力开发、农林商品生产和加工、养殖业、加工业、手工业、矿产业和服务业等，鼓励其使用当地资源和劳动力。重点扶持 3 个产业：大米、谷类和食品生产；以国内生产替代进口的日用品生产；出口商品生产。

2. 重点发展的经济领域

继续加强粮食生产，保持自给有余，力争扩大出口；大力发展商品生产，特别是出口商品生产；停止毁林开荒，防止破坏森林和生态环境；加快山区贫困人口脱贫；加强基础设施建设；加快人力资源开发；积极开展对外经济合作；发展服务业，特别是国际旅游业。

图 3-3 老挝的绿色发展转型政策

（二）产业促进政策

国家环境管理策略旨在制定在"七五"规划执行过程中的环境保护措施。除了国家层面的环境策略和规划外，还将制定省级以及地市级自然环境管理方面的规划。该规划将为"七五"期间的环境保护提供指导方向，制定目标以及具体的实施计划。

该规划设定的环境保护目标包括：①执行环境保护政策，保护珍稀环境资源，实现社会经济、生态环境保护以及人民生活的可持续发展；②保护森林资源，维持自然环境和生态系统平衡，确保农林业对经济发展的长期持续供给；③保护水资源，实现水资源多功能合理利用；④合理开发利用土地资源，维持生物多样性，满足国内外市场需求；⑤实行农业、工业、矿产开发、基础设施建设以及城市建设等项目的环境影响评价机制；⑥开发旅游业，进行生态环境、历史文化古迹以及部门民俗风情的保护与修复；⑦参与可持续发展国际合作，参加国际公约并承担相应责任；⑧开展环境教育，提高环境保护意识，为参与国际之间，地区之间以及国与国之间的环境保护合作创造条件。

（三）绿色发展转型期间的挑战

绿色经济目前正处于模糊的概念阶段，处于起始、探索阶段。当务之急是提高全国对绿色经济的共识，并将此作为国家规划和政策制定的核心内容。

当前，在绿色经济方面，短板很多：缺乏国家政策、战略、法律框架和指导，缺乏好的管理；缺乏将经济、社会和环境有机结合的高层机制；缺乏人力资源和能力建设，尤其是在基层；缺乏可持续的金融机制；当前贫困状况严重，经济方式严重依赖自然资源。这些问题将成为绿色经济转型的障碍。

四、绿色发展转型前景展望

老挝政府已经开始重视环境保护，希望加强国内环境污染防治，但是，老挝极为落后的工业无法为其提供相关的环保产业、技术以及相关服务。从目前掌握的资料看，老挝环保产业一片空白，该国所需绝大多数环保产品、技术及服务需要从外国进口。

老挝现阶段面临的环境问题主要有工业发展带来的环境冲击、土地退化、森林过度砍伐和固体废物处理处置等。随着老挝经济的发展，环境压力也在不断增加。一方面老挝在能源、矿产、农业和工业方面的投入不断增加，产业规模持续扩大，中小企业的数量也持续增加，对环境造成越来越大的压力；同时，大部分企业的排污处理系统仍相当落后，在追求经济发展的同时，没有及时地对污染排放形成有效控制。

为了改变这种局面，老挝政府在《国家环境行动计划（2011—2015 年）》中提出了"清洁、绿色和美丽城市"的愿景，并在行动计划中提出了重点发展内容，包括：社会经济发展中的环境保护，环境质量提升，污染检测控制，环境修复，气候变化，能力建设（相关的所有内容）。

同时，老挝制定了国家及区域方面的政策以保证绿色转型的顺利实施。在国家层面，建立了国家管理委员会，并建立了整合经济、社会与环境的具体机构，积极谋划发展绿色经济方面的国家政策、战略、法律框架与指导原则；加速了绿色经济方面人力资源发展与能力建设的项目；为绿色经济建立了可持续的进入机制。

在区域合作层面，遵循后里约+20 峰会关于可持续发展之高级绿色经济的联合声明；开展绿色经济方面的信息、文档、专家、学者交流；加强能力建设，积极联合区域内的研讨会、训练、科学家、专家、项目等。老挝还于 2012 年 12 月与中国签订了环保合作备忘录，其中规定了生物多样性保护、环境法规与政策、城乡环境管理、固体废弃物管理、环保产业与技术、环保教育与公众意识、能力建设等项目为双方的重点合作领域，并以交换环境信息与资料，交换专家学者与代表，联合举办研讨会、训练项目及组织会议等形式进行合作。

结合老挝的经济目标以及该国对于环境领域的发展方向可以看出，老挝政府已经充分意识到环境保护的重要作用，加之老挝同样属于财政资金有限、需大比例依赖社会资本参与基础设施建设的国家，其水处理系统建设、工业污染控制，以及对森林、土壤等生态系统的修复，都将是未来该国环保市场需求较为集中的领域。

第三节 印度尼西亚的绿色发展转型[①]

一、环境管理现状

（一）环境保护现状

1. 水环境保护

印尼水资源丰富，人均水资源可达 1.4 万米^3/年，但地区水资源分配不均。据印尼相关部门统计，预计到 2015 年印尼将缺水 1 341.02 亿立方米。针对这一现状，印尼政府已经从多方面做出努力：

一是对水资源部门进行了一系列改革，使印尼水资源管理体制更有效率，改善水资源开发和管理的国家制度框架、管理江河流域的组织和金融框架、地区水质管理制度和实施以及国家灌溉管理政策、制度及规定；

二是扩大私有部门参与供水。为弥补供水设施建设的资金不足，印尼政府允许私有企业在供水领域以特许权合同的形式与国有供水企业合作，政府也准备颁布有关饮用水及卫生的相关法规，提供私有部门参与供水所需要的规则和程序；

三是修整给排水系统，加固和增高现有防潮大坝。

2. 大气治理

空气污染及空气质量恶化已成为印尼许多城市的重要环境问题。雅加达、泗水、万隆以及棉兰市的空气污染最为严重。印尼的二氧化硫、氮氧化物、一氧化碳、碳氢化合物以及铅含量均超过国际公认的警戒线水平。印尼大气中，有超过 80% 的污染物是由交通工具产生，其他 20% 来自工业、森林火灾及普通家庭活动。

为应对日益恶化的大气环境，印尼政府采取了一些措施限制污染产生，例如在 10 个试点城市设立了污染物监测点，并通过空气监测网向公众提供空气质量状况信息，确立污染物标准指数，监控森林大火。同时，印尼政府收回了一些林业公司的经营许可证，以降低烧荒引起森林大火的可能性。

[①] 本文为印度尼西亚环境部环境标准与评价司长奴玛妍缇在 2013 中国—东盟环境合作论坛上的发言，有所删节。

3. 固体废物处理处置

印尼的固废处理方式主要有简单堆砌、堆肥、厌氧处理、焚烧以及卫生填埋，然而由于垃圾含水量高，热值低，焚烧效率非常低且价格昂贵。最为适合的方法是卫生填埋，但多数城市受条件限制，很多填埋站为露天堆放。首都雅加达只有一座从 1989 年开始投运的垃圾填埋场（the Bantar Gaban），处理量 5 500 吨/日。

为应对固废污染问题，印尼政府在 2007 年确立了国家层面的固体废物管理政策体系，对处理目标、方法等进行了说明。2008 年，印尼颁布《垃圾管理法》，以健全固体废物管理。同时，为避免中央政府中多个部门在固废管理中的权力重叠，印尼政府对固废管理权下放，地方政府获得了在固废规划和处理中的更大管理权，从而提高了工作效率。

（二）管理机构设置

环境部是印尼最高环境保护行政主管部门，成立于 1973 年，其主要职责是加强环境保护法制建设，出台一系列环保政策和有关法律、法规，监控、分析、评估、指导业务活动，引导群众参与，传播信息，普及可持续发展的经验。

为进一步加强全国的环保管理工作，建立有利于可持续发展的综合决策机制，加强部门间的协调合作，1990 年印尼又成立了环境影响管理署（BAPEDAL）。该机构的主要职责是：制定并贯彻执行预防和控制污染、生态环境恶化和提高环境质量的技术方针；加强环保机构建设，提高环境管理的能力和技术水平；发展环保信息系统，逐步建立全国环境信息网络，对有关环保部门及全国各地提供技术帮助，保证环境保护法在各领域得到贯彻，执行总统下达的其他任务。

此外，与环境保护相关的其他政府部门还包括能源与矿产资源部、印尼可再生能源部等机构。

（三）主要法律政策

印尼在环境保护方面的法律法规主要包括：《环境保护法》《森林保护管理法》《土地使用法》《公共健康法》《有关环境管理准则法》《1997 年关于环境管理国家第 23 号法》《水污染控制法》等。

二、绿色发展转型政策

（一）经济政策

近年来，印度尼西亚国家投资协调部出台了各种优惠政策，以鼓励与生产加工出口产品有关的设备和原料进口。减免税便是其中最优惠的措施之一。通过减免税政策，进入印度尼西亚的商品一半以上享受到优惠措施。减免的范围说明所征的平均税率和进口加权平均税率为 8% 之间的差别。

印尼投资管理制度：

以下 8 个行业属印尼禁止外商投资的领域：基因的培植；天然森林的特许；木材业承包；出租车、公共汽车运输服务；小规模航海；贸易和支持贸易的服务；传媒服务；动态影像生产业。

以下 8 个行业只对外商合资公司有条件的开放：港口建设和运营；电力的生产、传输、分配；海运；处理和供应公用饮用水；原子能工厂；医疗服务；基础电信；定期或非定期的航线。

（二）产业促进政策

20 世纪 90 年代，印尼环境影响署出台了《印尼环保战略计划（1994—1998年）》，该计划包括有 11 个细分领域的发展计划。

2007 年，印尼政府专门制定了应对气候变化的"国家行动计划"，并借举办巴厘气候变化会议之机，大力开发生物质能、地热等清洁能源，积极推动环保经济成为新的增长动力。

2010 年 1 月，根据《哥本哈根协议》向《联合国气候变化框架公约》（UNFCCC）秘书处提交作为非附件一缔约方的自愿减缓行动目标，印尼重申通过可持续的泥炭地管理、减少森林砍伐和土地退化的速率、发展林业和农业碳汇项目、提高能源效率、发展替代和可再生能源、减少固体和液体废物、转向低排放的运输方式，到 2020 年减少 26% 的碳排放量。

印尼环境国务部长表示，印尼需要建立一个低碳的经济，在 2025 年使可再生能源占到 17%，包括"南南合作"在内的国际合作尤其是技术合作对国内政策的支持极为必要；希望与中国加强节能减排合作，就气候变化问题进行信息共享，互相学习、借鉴和支持。

三、绿色发展转型前景展望

印尼环保产品主要以国外进口为主，也有民间企业参与当地环保市场的竞争，特别是污水处理设备和技术。为改善城市饮用水水质和普及自来水，印尼政府提供低息贷款鼓励工厂添置必要的污水处理设备，并列管 14 种不同行业作为管制对象。为有效处理有害废弃物，在世界银行协助下，印尼兴建了 8 座工业有害废弃物处理厂，但是该国没有办法稳定提供废弃物处理量，成为处理厂运营的隐忧。在空气污染控制领域，其防控重心在水泥业、钢铁厂、发电厂以及其他非铁行业，由于自身水平限制，空气污染防治设备包括滤材、空气净化设备、集尘设备以及烟气分析设备主要依赖进口。

（一）饮用水安全问题亟待解决

印尼预计 2015 年将缺水 1 341.02 亿立方米，缺水将导致印尼国内对饮用水需求不断提高，这从桶装水供应商那里获得的订单数量可以得到印证。尽管印尼政府在实施千年发展目标中提出的"到 2015 年将无法持续获得安全饮用水和基本环卫设施的人口比例减半"任务取得了很大进步，但目前仍距目标存在 10%，即 2 500 万人的差距。不良的环卫条件导致水污染，增加居民获取安全饮用水的成本，减少河湖鱼类产量，由此导致的损失每年超过 15 亿美元。

印尼目前约有 316 家地方政府所有的供水企业，向全国提供管道用水，城市管道用水覆盖面为 39%，农村仅为 8%，还有很大的提升空间。印尼计划到 2015 年，城市管道用水服务面将达到 60%，农村 40%。据政府估算，实现这一目标需投资 25 亿美元。资金将主要依靠社会资本，多以 PPP 模式实施，这将为外资进入印尼水务市场带来广阔机遇。

（二）工业污染治理需求增长

印尼的工业产业处于快速发展期，印尼国民经济 15 年中期建设规划（2011—2025 年）提出的主要发展目标为：大力招商引资，为中期建设规划募集巨额资金，其中 2014 年投资总额 4 000 万亿印尼盾（约 4 700 亿美元）。不断增长的工业产业规模，将使工业废水的种类和数量迅速增长，处理量和处理难度加大，这也将有力地带动配套的工业废水处理设施建设和运营市场。从印尼产业结构的发展方向来看，钢铁、冶炼、食品加工、纺织印染、石化都将是工业废水市场需求增长较多的领域。

（三）固废处理处置需求迫切

2010 年，印尼人口达 2.37 亿，同比增长 2.7%。人口的持续增长导致印尼正面临越来越严重的垃圾处理问题。如果按人口年均增长 2%，人均垃圾产生量 1 千克/天计算，那么到 2015 年，印尼垃圾日产量将达 26.17 万吨。印尼的垃圾产生量增长迅速，但不论是垃圾的收运、处理还是回收利用，都远未达到应有的水平。目前印尼只有少部分固体废物被无害化处理，90%仍为简单堆砌，导致地下水污染严重，并加速了病虫害传播。一些未被分类垃圾经过简单焚烧，对大气造成了严重污染。与水污染治理类似，印尼政府由于资金有限，需要努力谋求以 PPP 或外国援助来开展垃圾处理工程项目。

第四节　推动大湄公河次区域绿色发展转型[①]

一、亚洲开发银行合作背景

亚洲和太平洋地区的经济在不断增长，自然环境也面临着不断的压力，其中主要的是生态受到威胁，生物多样性减少。这个地区的很多国家，对气候变化和自然灾害的应对能力很弱。每一年城市人口增长 4 400 万，每一年垃圾污染带来许多健康问题，同时也带来不可持续和低效率的自然资源使用，这就使经济和自然资源面临的挑战更大，在食品、粮油安全等问题上，特别是在粮食的供应问题上将面临巨大挑战，其中包括如何应对气候的变化，原材料成本的不断增长，淡水资源的争夺，农村耕地不断丧失等。因此，绿色发展和环境可持续增长成为大家最关注的问题。同时，在这个地区中，有一些来自高层的政策上的提议，防止生物多样性的进一步减少。在这个过程中，要实行绿色增长，就要把环境的保护，经济的增长综合起来，同时减少贫困，确保公平的发展使人们的福祉得

---

① 本文为亚洲开发银行自然资源管理高级专家萨拉特·瑞拉瓦纳、亚洲开发银行大湄公河次区域环境管理中心生物多样性与景观保护专家陈杰瑞在 2013 中国—东盟环境合作论坛上的发言，有所删节。

到进一步提高。

在亚洲开发银行（以下简称亚行）的发展框架中，主要包括亚太地区 3 个重要战略，第一是包容性经济发展，第二是环境友好格局性发展，第三是经济进一步一体化。在联合国经济发展大会上通过决议之后，亚行进一步推出了 2013—2020 年的环境发展方向，包括：①加快可持续基础设施建设；②在自然资本上进行进一步投资；③加强环境治理以及管理的能力；④对气候变化做出进一步保障等 4 个方面。同时，还确立了两个发展方向：第一个方向，向可持续发展转型，亚行会帮助本地区的经济可持续设施的以便保护本地区可持续的发展。亚行将会支持清洁能源发展。亚行将会进一步把它在交通方面的支持集中在可持续的交通方面，从而使我们的交通系统更加方便使用，且造价合理。亚行会动用所有的资源，在水资源方面进行投资，解决包括灌溉等水资源方面的问题。第二个重要的环境发展方向是在自然资源上进一步投资，在这方面的投资会得到更高的回报，这一点已经得到证实，所以可以用这种办法来找到新的绿色发展机会。

亚行还会提供包括综合景观设计、综合水资源的管理、环境治理和管理能力等方面的支持。

在综合景观设计方面，亚行已经投入了 6 900 万美元，支持在柬埔寨、老挝、越南生物多样性走廊的建设项目；在中国，也积极支持生态补偿机制。在加强环境治理和管理能力方面，亚行提供了很多技术支持以及工具，以使生态系统能够提供更好的生态服务。亚行将会进一步提高治理水平，进一步加强机制建设，建立机制、政策、法律框架，同时进一步减少腐败带来的不良后果，这些对可持续发展来说都是重要的因素。执行层面，亚行会积极支持地区的法律建设，以便提高执法能力。比如，亚行建立了亚洲的法官的网络，另外还在这个地区进一步帮助法官提高他们的经验和能力，使这个地区上执法能力得到进一步提高。亚洲开发银行也将进一步帮助提高成员国的能力，进一步促进知识的交换和发展。

气候变化方面，区域合作战略关系非常重要。除了淡水的来源之外，加强区域合作也是本次论坛一个重要目标。对于亚行来讲，推动这一区域的经济至关重要。同时也鼓励发展成员国，解决一些实质性的问题。如果只是从国家发展角度来看问题，这些问题不会得到重视，联合国的一些机构、联合国基金以及双边和多边的合作伙伴应该共同合作。亚行会寻找机会进行能力的开发，亚行一直在推动开展一些公共部门和项目的开展，中国的某私营部门投资流域管理项目，为自然资源管理方面的一个成功案例。

二、大湄公河次区域经济合作

发源于中国青藏高原唐古拉山的湄公河，自北向南流经中国、缅甸、老挝、泰国、柬埔寨、越南六国，全长 4 880 千米，是亚洲乃至国际上的一条重要河流。湄公河在中国境内段称为澜沧江。自 20 世纪 90 年代以来，澜沧江—湄公河流域国际区域合作引起了国际社会的广泛关注，相关国家和国际组织开展了广泛合作，取得了不少有益的成果，有力地推动了该地区经济社会的发展。

1992 年，亚行在其总部所在地菲律宾马尼拉举行了大湄公河次区域六国首次部长级会议，标志着大湄公河次区域经济合作（GMS）机制的正式启动。目前，GMS 合作范围包括中国（云南省和广西壮族自治区）、柬埔寨、老挝、缅甸、泰国、越南，总面积 256.86 万平方千米，总人口约 3.26 亿。该区域蕴藏着丰富的水资源、生物资源、矿产资源，具有极大的经济潜能和开发前景。GMS 各国历史悠久，风景秀丽，民族文化多姿多彩。长期以来，受多种因素影响，经济和社会发展相对落后。进入新世纪以来，GMS 各国都在进行经济体制改革，调整产业结构，扩大对外开放。加快经济和社会发展已经成为各国的共同目标。

2002 年 11 月，GMS 首次领导人会议在柬埔寨金边举行，批准了《次区域发展未来十年（2002—2012 年）战略框架》，并决定其后每 3 年在成员国轮流举行一次 GMS 领导人会议。GMS 合作开始上升到领导人层级，由此进入了全面、快速发展的新阶段。2005 年 7 月，第二次领导人会议在中国昆明举行，确立了"相互尊重、平等协商、注重实效、循序渐进"的合作指导原则，批准和签署了交通与贸易便利化、生物多样性保护、信息高速公路建设等多项合作倡议和文件，合作由此迈上新台阶。2008 年 3 月，第三次领导人会议在老挝万象举行，通过了《2008—2012 年次区域发展万象行动计划》，签署了电力贸易路线图、经济走廊均衡与可持续发展等合作文件，合作进一步拓展和深化。在推动 GMS 合作的过程中，3 年一次的领导人会议在确立合作目标、引导合作方向、提出重大举措等方面发挥了至关重要的作用。

近 20 年来，在亚行和各成员国的共同努力下，GMS 合作稳步推进，成果丰硕，为消除贫困、促进 GMS 各国经济社会发展发挥了积极作用。合作注重以项目为主导，确定了交通、能源、电信、环境、农业、人力资源开发、旅游、贸易便利化与投资九大重点领域，并积极为成员国提供资金支持和技术援助。截至2010 年底，GMS 贷款（赠款）项目共 55 个，总投资约为 138 亿美元，其中亚行自身提供贷款 50 亿美元，GMS 国家政府配套资金 43 亿美元，联合融资 45 亿美元；技术援助项目 172 个，总额约为 2.3 亿美元，其中亚行自身提供贷款 1 亿美元，GMS 国家政府提供配套资金 2 000 万美元，联合融资 1.1 亿美元。

2011 年 12 月，第四次领导人会议将在缅甸内比都举行，审议确定未来 10 年的合作战略框架是此次会议的重要议题。中国愿与 GMS 各成员国一道落实好各项合作倡议，推动各领域合作向新的深度和广度发展，为实现 GMS 各国的共同发展与繁荣作出积极贡献。

三、大湄公河次区域经济合作

GMS 的经济增长方式属于自然资源驱动型。为促进经济增长及消除贫困，GMS 在经济方面的合作已经持续了 20 年，在 10 个区累计进行了 150 亿美元的投资。下一个 10 年的战略方向上，经济方面的合作将会强调环境管理。

在自然资源方面，GMS 地区有很多生物多样性热点地区，其中 6 个属于全球的生态地区；118 亿公顷森林覆盖了广阔的碳酸岩储层；该地区的 6 条河流流域为地区维持了渔业、农业及将来的能源供应。

为了促进 GMS 地区的经济合作，还制定了合作框架，内容包括：更安全的自然股本，优化稀缺资源的配置，提高供应链的效率，改进惠益共享的包容性与公正性，促进资源的整合管理。

四、大湄公河次区域环境合作

为丰富领导人会议成果并积极落实领导人会议的有关共识，自 2005 年起，大湄公河次区域环境部长会议配合领导人会议每 3 年在各国轮流召开。环境部长会议下设环境工作组（WGE），每年举办一次年会（AM），讨论次区域合作的政策与方向。自 2006 年起，环境工作组每年还举办一次半年会（SAM），讨论项目实施进展。

2005 年，亚行与次区域各国共同发起实施核心环境项目。该项目主要由荷兰、瑞典、芬兰等捐助国支持，由亚行负责管理实施。央行在泰国曼谷设立了环境运营中心（EOC），具体负责该项目的日常管理。EOC 还承担环境工作组秘书处的职能。该项目一期为 2006—2011 年，承诺资金总额约为 2 500 万美元。

中国高度重视同 GMS 国家开展环境合作与交流，积极参与推动第一期核心环境项目——"生物多样性走廊计划"（CEP-BCI）（2006—2011 年）。该项目主要是通过选定试点区域建立生物多样性保护走廊，恢复和维持现有国家公园和野生生物保护区之间的联系。中国积极推动该项目与合作机制化建设，并将云南省西双版纳和香格里拉德钦地区、广西靖西列为项目执行的重点区域。

项目 2012—2022 年的合作将注重增长经济、消除贫困，并提高地区环境的可持续性。其合作的内容包括：

（1）次区域运输论坛：此论坛旨在提高资源的利用率，促进低碳运输；

（2）经济走廊论坛：此论坛旨在通过支持 GMS 走廊计划来整合自然股本；

（3）人力资源发展工作组：此项目意在通过在职培训来进行能力建设；

（4）次区域能源论坛：此论坛可为低碳及环境可持续性能源发展计划提供规划支持；

（5）次区域电信论坛；

（6）旅游工作组：以生态旅游来促进当地居民的生活水平；

（7）农业工作组：在农业集中区建立气候适应性，并发展绿色价值链；

（8）环境工作组：其目标是建立富生态、无贫穷的 GMS，并通过 GMS 核心环境项目，与其他地区建立联系以改进环境管理能力。

目前，核心项目已进入二期（2012—2016 年）实施阶段。根据二期框架文件，项目在二期将主要包括 4 个方面的内容：

（1）强化规划制度、方法学以及安全体系的发展。主要以环境政策主流化为核心，侧重于战略环评、环境绩效评估等工作。

（2）为促进可持续生计，加强土地保护管理。主要侧重于跨界生态系统管理，支持跨界生物多样性走廊建设与规划，生态监测与防止野生动植物非法贸易。

（3）气候变化与低碳发展。主要侧重于支持农业与旅游部门的气候变化适应工作，鼓励交通与能源的低碳发展，减少毁林及森林退化造成的温室气体排放（REDD+）。

（4）加强制度化建设与促进环境管理的可持续财政。主要侧重于寻求可持续的财政资源支持，促进政府与私营部门在生态系统管理与保护领域的合作，提升成员国在跨界环境管理与监测领域的能力。

为此，GMS 与许多非政府组织、国际组织、研究机构、大学、商业机构等建立了伙伴关系。比如，与中国－东盟环境保护合作中心的伙伴关系，为 GMS 环境部长会议提供了支持，发展了环境政策建议，并为能力建设、城市废弃物管理、区域知识平台等提供支持。目前主要实施的项目包括私人区域环境信息公开及中国民营企业管理等。

大湄公河流域 6 个国家山水相连，唇齿相依。中国的发展离不开次区域其他国家的支持与帮助，次区域的繁荣与进步离不开中国的发展，共同的利益纽带把我们紧密地联系在一起。亚行希望，在未来的环境合作中，GMS 各成员国继续坚持合作原则，扎实推动 GMS 合作取得新的实质性成果，在原有基础上迈上一个新台阶。亚行将继续推动次区域各成员国与相关伙伴的团结协作，共同推动区域一体化进程，促进本地区发展与繁荣。

第五节　德国国际合作机构推动绿色发展转型的主要经验[①]

一、德国国际合作机构简介

德国国际合作机构（GIZ）是一个在全世界范围内致力于可持续发展、进行国际合作的服务性机构，创建于 1975 年，总部设在法兰克福（美茵河畔）附近的埃施博恩。它属联邦德国政府所有，肩负着持续改善伙伴关系国家的人民生活条件、保护人类赖以生存的自然资源的使命。

德国国际合作机构在全世界 130 多个国家开展 2 700 多个发展合作项目，主要委托人是德国经济合作与发展部（BMZ）。同时，它还受德国其他政府部门以及伙伴国政府的委托，支持伙伴国的发展和改革进程。此外，与国际组织和机构（如世界银行、欧盟、联合国开发计划署、亚洲开发银行）的合作也在日益加强。

---

① 本文为亚洲开发银行自然资源管理高级专家萨拉特·瑞拉瓦纳、亚洲开发银行大湄公河次区域环境管理中心生物多样性与景观保护专家陈杰瑞在 2013 中国－东盟环境合作论坛上的发言，有所删节。

二、德国国际合作机构在推动绿色发展转型上的主要努力

(一) 东盟区域层面合作

1. 开展关于"城市—环境—交通"的对话

在 2020 年的时候，可能有 50%的东盟成员国人口将会生活在城市里面，城市人口越来越多，也会促进经济增长，但是也会带来负面的环境影响。为此，GIZ 通过与东盟秘书处合作举办主题会议，支持东盟成员国减少来自交通运输和其他行业的排放，同时能够实现协同效应，提高环境质量，促进城市转型，增加竞争力。主要参与的东盟国家包括：印度尼西亚、柬埔寨、老挝、马来西亚、菲律宾、泰国和越南。

2. 支持绿色增长、助推绿色发展转型

在包括南美、非洲和亚洲等大陆上都已经开展过此项目。这个项目在泰国主要支持向低碳社会和绿色经济的转型，这和泰国第十一次国民经济和社会经济发展的计划和环境质量管理计划是相一致的。同时，德国国际合作机构在中国开展了关于绿色经济的政策对话，并且帮助开发相关的政策工具，助推绿色发展转型。

3. 湄公河委员会

在湄公河流域有 6 000 多万居民，渔业与农业是流域内居民的主要经济来源。当前人口的增长、气候变化等给流域内的环境带来严重的压力。为解决流域内的绿色增长问题，1995 年开始柬埔寨、老挝、泰国和越南建立了湄公河委员会。其目的是帮助成员国解决流域内出现的问题及挑战。GIZ 为该项目提供了专家及管理支持。

(二) 双边层面合作

1. 与菲律宾的合作

第一，德国国际合作机构与东盟生物多样性中心联合在菲律宾从事与"生物多样性与气候变化"有关的项目合作。这个项目的使命是要帮助东盟成员国在区域的层面上进一步改进政策，并且支持成员国能够达到联合国生物多样性公约的目标，同时支持东盟国家更好地参与到东盟的一体化进程中去。

第二，德国国际合作机构与菲律宾的财政部共同实施促进绿色经济发展的项目。这个项目菲律宾政府机构和一些中小型企业能实施环境友好型社会的包容性的战略和措施，帮助人们提高意识，并且在两者之间建立合作，这样才能够实现促进环境友好型社会的构建。

2. 与越南的合作

第一，开展关于自然森林可持续管理和重要森林产品销售方面的项目。通过项目的实施，德国国际合作机构力图构建一种有利的环境，即让人们能够在享受友好型环境的同时，可以保证经济的可持续发展。

第二，开展环保和气候友好型城市建设项目。项目目的是推动政府职能进一步完善，特别是在推动环境友好型城市建设上。为此，德国国际合作机构将通过向越南政府分享一些有益的战略模型与相关案例，同时帮助越南改进环境和气候方面的整体规划，建立环境和气候监控的系统。

3. 与泰国的合作

该项目是为低碳经济实行可持续生产和消费：绿色采购和生态标签。这个项目的目标是：①把气候相关的标准纳入到泰国以及其他相关的东盟国家现有的生态认证体系中；②扩大泰国的气候友好型，绿色公共采购项目的范围，将其扩大到其他一些东盟的成员国，主要是通过建立这些区域的领导小组和平台来提供一些经验。

4. 与印度尼西亚的合作

考虑到印度尼西亚的特点，GIZ 与印度尼西亚主要在可再生能源领域开展合作，包括：①东盟国家可再生能源支持项目，该项目的目标是推广可再生能源，提高可再生能源在总能源消耗中的比例；②绿色小型水电站，根据印度尼西亚的特点，该项目主要是为郊区的居民及社区、公共机关和商业等提供可持续的电路供应；③小型水电站，该项目是为完善提升绿色小型水电站项目而发起的，其目标是提升小型水电站的容量等。

5. 与中国的合作

GIZ 与中国的合作包括能源政策与能源利用效率、可再生能源与及风电等。GIZ 支持关于绿色经济方面的对话，并且帮助开发出一些政策工具，实现向绿色经济的转型。这方面的合作主要是把国际可持续的议程进行转移，实施里约决议，并通过开展双方的活动来支持合作伙伴。欧洲环境专家网络对于联合国的项目进展进行评估，总结了进展，并帮助设计了绿色经济合作伙伴关系方面的一些政策。

（三）促进中国与东盟间的合作

主要包括绿色公共采购（GPP）与东盟"10＋3"环保认证的区域战略项目。该项目主要包括中德环境伙伴项目和泰国的为低碳经济实行可持续消费与生产两部分。其内容主要是在东盟"10＋3"国家间为建立 GPP 知识共享和环保认证提供战略支持。该项目还为 GPP 和环保认证的原理与实践提供帮助，并为区域环保认证和自愿标准提供合作。

第四章　中国－东盟环保产业合作圆桌会

第一节　中国环保产业的发展与合作①

一、中国重视节能环保产业的发展

加快节能环保产业的发展意义重大。从国际上看，发展节能环保产业、发展绿色经济，已经成为世界各国经济社会发展的大趋势。特别是在应对国际金融危机当中，不少发达国家提出了绿色新政，也投入了巨大的资金来支持节能环保等新兴产业，抢占未来发展的制高点。从国内形势来看，资源环境制约是当前我国经济社会发展面临的突出矛盾。解决节能环保问题，是扩内需、稳增长、调结构，推动中国经济转型升级的一项重要而紧迫的任务。节能环保产业是战略性新兴产业，具有产业链长、关联度大、吸纳就业强等特点。因此，加快发展节能环保产业，对拉动投资和消费，形成新的经济增长点，促进节能减排和民生改善，实现经济可持续发展和确保 2020 年全面建成小康社会，具有十分重要的意义。

"十二五"是中国节能环保产业发展难得的历史机遇期，积极应对气候变化、推动绿色低碳发展已成为中国发展的重要政策导向。中国政府非常重视环保产业的发展，环保产业政策和产业规划密集出台。2010 年 10 月 10 日，国务院发布了《关于加快培育和发展战略性新兴产业的决定》（国发[2010]32 号），将环保产业作为战略性新兴产业之一加以培育和发展。2011 年 4 月 5 日，环境保护部发布了《关于环保系统进一步推动环保产业发展的指导意见》，提出了培育与发展环保产业的具体措施。2013 年 8 月 1 日，国务院出台的《关于加快发展节能环保产业的意见》（国发[2013]30 号）明确提出，以企业为主、以市场为导向、以工程为依托，强化

---

① 本文为商务部机电产业司副处长涂竞在 2013 中国－东盟环境合作论坛上的发言，有所删节。

政府引导，完善政策机制，培育规范市场，着力加强技术创新，大力提高技术装备、产品、服务水平，促进节能环保产业快速发展，释放市场潜在需求，形成新的增长点，节能环保产业产值年均增速在 15% 以上，到 2015 年，总产值达到 4.5 万亿元，吸纳就业人口 4 200 万人，成为国民经济新的支柱产业。这些政策措施的出台，为节能环保产业的快速发展，营造了良好的发展环境。节能环保产业作为"朝阳产业"，潜力巨大。

二、中国－东盟环保合作前景广阔

2013 年恰逢中国与东盟建立战略伙伴关系 10 周年，在双方的共同努力下，双方领导人宣布的一系列倡议得到较好落实，经贸合作成效显著。自贸区建设不断深化，双边贸易稳步增长，双向投资规模不断扩大，在农业、能源、基础设施、制造和加工等领域的合作进一步加强。

2013 年 1—7 月，中国与东盟进出口总额 2 477.2 亿美元，同比增长 12.3%。其中，中国对东盟出口 1 353 亿美元，增长 22.5%，高于全国出口增速 13 个百分点；进口 1 124.2 亿美元，增长 2.1%。目前，东盟是中国第 3 大贸易伙伴、第 4 大出口市场和第 2 大进口来源地。

截至 2012 年底，中国与东盟双向投资累计已近 1 000 亿美元，其中 2012 年中国对东盟新增非金融类直接投资 30.6 亿美元，同比增长 31.2%。中国对东盟投资领域已扩大到建筑、餐饮、电气、矿业和运输等行业，投资形式从直接投资发展到技术投资、BOT 等多种形式。中国企业在柬埔寨、泰国、越南和印度尼西亚投资建设的 5 个境外经贸合作区持续发展，入区企业数量和园区产值均实现增长，带动了当地就业和税收收入的增加。

随着中国－东盟经贸关系不断深化，中国－东盟节能环保领域合作范围也不断深化和扩大，呈现出以下几个特征：从合作主体上讲，从单一的政府主导，发展到政府机构、行业组织和企业多主体积极参与；从合作形式上讲，从务虚的政策对话开始发展到务实的产业合作、商业项目开发；从产业合作内容上讲，从以往的单纯输出环保设备，发展到环保工程承包、技术转让、投资运营等，中国－东盟在节能环保产业领域的合作发展迅速，东盟已经成为中国开展环保合作的重要伙伴。

加强国际合作，对节能环保领域先进的技术和管理经验进行学习借鉴、交流分享，既有利于促进各国节能环保产业的健康发展，也有利于共同应对气候变暖等全球挑战。

中国与东盟国家发展历程相似，同样面临发展经济和环境保护的双重挑战，遇到的环境问题和发展目标有共同之处。中国与东盟双方在加强环保产业合作方面具有天然优势：一方面是环保产业的互补性。中国环保产业发展日趋完善，在某些细分领域形成了相对成熟的商业模式，中国环保企业经过多年的发展，积累了相当丰富的实践经验，形成了一批成熟的环保技术和产品，中国的环保设备和服务，具有较高的性价比优势。另一方面，东盟和中国有相似的环境需求，面临与中国类似的环境问题，东盟各国对环保的重视，东盟环保市场需求快速增长。再加之中国与东盟的地缘优势、相似的文化背景，中国和东盟环保领域的合作，潜力巨大。

三、关于中国－东盟环保合作的建议

今后双方可以在以下几个方面开展节能环保合作：

首先，加强政府间的合作。两国政府有关部门应该在环保、节能的公共管理方面进一步加强合作，创造宽松、良好的合作关系。

一是完善对话机制，增进沟通互信。双方要在首脑会晤、经济高层对话、气候变化政策对话、中国－东盟环境合作论坛等框架下积极开展节能环保对话，推动对话的机制化、经常化、多方面和多层次。

二是创造良好环境，推动务实合作。双方已签署了推动节能环保领域合作的联合公报、继续加强节能环保领域合作的备忘录，要采取切实措施，全面落实，取得实质性进展。要办好中国－东盟环境合作论坛，深化企业务实合作。加大节能环保示范项目推动力度，通过投资、联合研发、技术交流、人员培训等多种方式推动中国－东盟节能环保产业发展。

三是深化双边合作，共同应对挑战。在应对气候变化和环境、能源等全球性挑战中共同发挥积极作用。

其次，开展行业间的合作，建立行业间节能环保信息交流机制，利用好现有的对话机制和交流平台，加强沟通协调，实现信息共享。举办技术、设备展览推介，联合开展节能环保领域的课题研究，制定行业标准。

最后，推进企业间的合作。鼓励中国和东盟的企业在环保领域开展联合研发、

投资等多种形式的合作，为企业提供便利的条件和良好的政策环境。从企业的角度讲应当立足当前、着眼长远，从战略的高度务实地推进合作。节能环保合作是投资大、周期长，政策性强的合作，不仅需要先进理念和技术，持续的投入，更需要完善透明的法制政策环境。由于东盟各国经济水平、产业发展阶段不同，各国环保合作的需求也不尽相同。这就需要企业因地制宜，做好前期市场调研，了解东道国的环保政策和市场需求。在此基础上，才能开展有效、务实的合作。

应对气候变化等全球性挑战，呵护人类赖以生存的地球家园，需要各国的不懈努力以及深化国际合作。中国与东盟在节能环保领域的合作，既有利于带动双方多领域合作，促进区域可持续发展，也有利于中国与东盟各国积极参与全球经济治理和区域合作，创造参与国际竞争新优势，符合中国与东盟各国共同的利益。中国和东盟在节能环保领域携手并进、加强合作，在未来一定能取得丰硕的成果。

第二节　马来西亚绿色发展转型[①]

一、环境管理现状

（一）环境保护现状

1. 水环境保护

马来西亚全国用水的 98%取自河流，近 10 余年来，马来西亚的河流系统遭到破坏并退化，水资源质量下降，主要是源于对废物和有毒物质的不合理排放。受污染河流主要分布在经济发达地区，50 余条河流受到严重污染，10 余条河流轻微污染，40 余条河流为清洁河流。

马来西亚的污水处理于 1994 年开始民营化，污水处理服务的运营和维护已经被特许给英达丽水集团（Indah Water Konsortium）管理（新山、吉兰丹、沙巴、沙捞越地区除外），并由污水处理服务部监管。

英达丽水集团为马来西亚建造了 8 000 个污水处理厂，500 个网络泵站、17 000

---

① 本文为马来西亚国家印务有限公司环境安全与健康部经理莫德·菲克帕蒂在 2013 中国－东盟环境合作论坛上的发言，有所删节。

千米地下污水管道、50 万个家庭化粪池。2006 年，马来西亚能源、水资源与通信部投资了 11.3 亿美元在吉隆坡、森美兰、马六甲建造了 4 个氧化沟污水处理厂，总规模 4 万吨/日。

2. 大气治理

马来西亚的经济增长主要建立在制造业、化工、橡胶工业的基础上。近年来，马来西亚工业蓬勃发展，引起一系列空气污染问题。目前，马来西亚用于发电的能源有 86% 来自于传统化石燃料，如天然气、石油和煤，造成大量空气污染物的排放。由于人口和经济增长，马来西亚国内固废处理产业发展缓慢，大量超出处理设施容量的固体废物被非法开放式焚烧，加剧了大气污染。

马来西亚第九份五年计划（2006—2010 年）中提到，国家将建立并实施一套新的清洁空气行动计划。该计划主要涉及能源、交通、工业、土地利用、公众意识、科学研究、相关信息技术等领域。

3. 固体废物处理处置

马来西亚全国的固废产生量在 2001—2005 年之内由 1.62 万吨增长到 1.91 万吨，平均每人每天 0.8 千克，预计 2020 年马来西亚全国废物产生量将达 3 万吨。据 2008 年资料，马来西亚约 90% 的固体废物被填埋，2% 被焚烧，5% 被回收，还有部分固体废物被非法排放。马来西亚全国共有 291 个填埋场，其中 179 个填埋场仍在运行，112 个填埋场已经关闭。

马来西亚实施固体废物管理全面私有化。1997 年至今，马来西亚已经将全国的 5 个区域（北部，中部，南部，东部的沙巴、纳闽，沙捞越）的固体废物（不包括危废）管理分别特许承包给 4 个公司：Northern Waste Industries，Alam Flora，Southern Waste Management 和 Eastern Waste Management。这 4 个公司获得了为期 20 年的固体废物管理特许权。固体废物私有化的服务费用由公民和社区对垃圾收集进行单独交费，至今尚未确定合理的收费方式。危废的处理处置承包给了一个联营企业，该企业在咖啡山和森美兰建设了集中处置危废的综合性设施。

（二）管理机构设置

马来西亚政府环保主管部门是自然资源和环境部下属的环境局，主要负责环境政策的制定及环境保护措施的监督和执行。环境局下设负责处理空气、河流、水利以及工业废物的部门。

（三）主要法律政策

马来西亚基础环保法律法规包括《国家环境政策》《气候变化政策》《1974 年环境质量法》《1987 年环境素质法令》（指定活动的环境影响评估）《国家林业政策》《水法》《土地保护法》《国家土地法》《野生生物保护法》《国家公园法》。涉及投资环境影响评估的法规包括《1990 年马来西亚环境影响评估程序》《1994 年环境影响评估指南》（海边酒店、石化工业、地产发展、高尔夫球项目发展）。

二、绿色发展转型政策

（一）经济政策

1. 税收优惠政策

（1）投资于环保产业领域，5 年内公司营业利润的 70%免缴所得税，但对于从事植树造林的企业，10 年内免缴企业所得税。

（2）对国内能生产且质量和标准符合要求的机械设备，如用于环境保护、废物再利用及有毒有害性物品的储存和处理的，用于研发机构和培训的以及用于种植业的机器设备，经申请，也可免缴进口税和销售税。

2. 鼓励外商投资产业政策

（1）战略性项目。马来西亚将投资金额大、回收期长、技术水平高、对其经济发展有重大关联性影响的行业列为战略性项目。

（2）技术转让和培训项目。马来西亚鼓励外商在马来西亚进行技术转让和对本地员工进行技术培训。

（3）环保项目。马来西亚政府鼓励外商从事植树造林、有毒和危险性废物的储存、处理和清除、节约能源、工农业及生活垃圾和废物的处理及再利用等行业。

3. 鼓励外商投资区域政策

在区域结构方面，针对东马地区和马来半岛东部沿海地区工业基础相对薄弱的现状，马来西亚鼓励外商和本地投资者在东马的沙巴和沙捞越州及马来西亚半岛"东部走廊"（马来西亚的"东部走廊"包括吉兰丹州、丁加奴州及彭亨州）地带投资，在所得税等方面予以特别优惠。

（二）产业促进政策

1. 关于投资于马来西亚环境管理的促进政策

为促进和吸引环境领域的投资，马来西亚政府制定了相关鼓励政策，鼓励范围覆盖森林种植园、有毒有害废物处理处置、废物回收、节能、可再生能源、绿色建筑。鼓励的方式如免征所得税、政府补贴等。

2. 马来西亚"九五"期间水利服务基础设施规划

2006 年，为了贯彻执行"九五"期间水利服务基础设施规划，马来西亚政府拨款 16.78 亿林吉特用于城市供水计划，该项计划是"八五"水利服务基础设施规划的续建工程，共计花费政府拨款 13.58 亿林吉特。"九五"期间共有 11 项新的排污工程项目以及 47 项续建项目，共计需要花费 30.12 亿林吉特。

三、绿色发展转型前景展望

马来西亚政府认为，发展绿色产业乃至推动绿色经济，关键是抓好工业、交通、建筑等重点领域的节能减碳，不过目前仍处于起步阶段。作为第二大的棕油出产国，棕油的生产废料唾手可得，生物质能源在马来西亚有很强的发展潜力。马来西亚政府已制定了绿色产业规划，确定能源、水务、交通及建筑四大领域来发展绿色产业，并对沙捞越的可再生能源经济走廊做了重点规划。在太阳能利用领域，基于常年充足的阳光，三家外资企业已进入马来西亚市场，包括著名的美国太阳能光伏板生产商 First Solar, Inc，产品主要销往海外市场。

与此同时，马来西亚政府还将多项环保相关的单位民营化，其中包括：排水系统工程、污水处理工程、生物科技研发、有毒废弃物处理、空气污染监控及水资源供应。此外，更开出免进口关税及营业税调降来促进环保产业发展。

在经济增长的支撑下，其环保产业的市场需求不断扩大。水资源利用、污水处理、固废处理处置都显示出不小的发展潜力。

据马来西亚城市污水处理建设规划显示，到 2015 年，马来西亚将投入 2.5 亿美元，用于 884 个污水处理厂和污水管道升级，投入 9.857 1 亿美元用于污泥处理处置建设；到 2020 年，投入 12.219 0 亿美元用于 3 748 个污水厂及污水管道升级。

另外，根据马来西亚 2010 年出台的第十个国家发展计划，提出了"十大理念"

和"五大策略"。其中"珍惜自然资源环境"即为"十大理念"之一。在"五大策略"中，营造良好环境提升生活素质是其中的重要部分，具体内容如与环境和谐的住房，推行绿色概念指标和区分等级的系统，鼓励开发商开发对大自然友好的绿色住宅区；管理水资源及供应，整合水务资产，分阶段调高水费以收回成本；改革固体废料回收管理体制，私营化 3 间家庭固体废料回收公司；建立再生能源基金和永续性能源发展机构；实施适应气候变化的增长战略；加大保护国家生态资产的力度等。

可以看出，马来西亚在促进经济发展的同时也注重对环境的保护，并且在 2011—2015 年间，社会资本将在马来西亚的经济领域扮演越来越重要的角色，政府将为外资、私营经济进入环境产业提供更多便利条件以完成其吸收社会资本、促进经济发展的宏观目标。

第三节　绿色产业升级　助推绿色发展转型[①]

一、新加坡情况概览

新加坡面积 700 平方千米，人口 530 万。新加坡城市化进程显著，基本完全城市化，没有农村。新加坡 60%的国土面积为集水区。为保证饮水安全，避免污染，新加坡政府规定不能在这些地区开展工业。新加坡固体废弃物回收方面成效显著，建立了回收工业园，回收率约 100%。

二、新加坡环保产业发展概况

（一）相关经济政策

新加坡 2008 年制定的最新环保法规，包含节能环保优惠政策。开发商如若能够超过最初的规划要求，进一步提高用水效率、排放标准能源效率等指标，政府则给予优惠奖励。

2008 年 10 月 23 日，新加坡与我国签署了《中华人民共和国政府和新加坡共

---

① 本文为新加坡 Resourceco 有限公司业务发展部总监张迪松在 2013 中国－东盟环境合作论坛上的发言，有所删节。

和国政府自由贸易协定》（以下简称《协定》），同时，还签署了《中华人民共和国政府和新加坡共和国政府关于双边劳务合作的谅解备忘录》。

根据《协定》，新方承诺将在 2009 年 1 月 1 日取消全部自华进口产品关税；中方承诺将在 2012 年 1 月 1 日前对 97.1%的自新进口产品实现零关税，其中 87.5%的产品从《协定》生效时起即实现零关税。双方还在医疗、教育、会计等服务贸易领域做出了高于 WTO 的承诺。

（二）产业促进政策

1. 循环经济促进政策

新加坡政府为大力促进废物循环的工作，政府先后出台了国家再循环计划、无垃圾行动等政策及措施，再循环计划提出"3R"方针（Reduce-减量、Reuse-再利用、Recycle-再循环），旨在号召居民减少垃圾产生，注意废物的循环和再利用。无垃圾行动则由政府环境局推出无垃圾标志，告诫公民有责任保持环境清洁，培养大家的环保意识。

此外新加坡国家环境局设定了 4 个重要策略，减少垃圾产量，进行废物利用以及垃圾循环，以期实现"零"垃圾埋置及"零"垃圾的目标。

（1）用焚化来减少垃圾体积。在新加坡本地，4 个焚化场负责焚化可燃烧的垃圾，如此一来，可减少 90%的垃圾体积，也减缓了岸外垃圾埋置场被"填满"的进度。

（2）垃圾循环。根据新加坡"环保绿化计划 2012"，新加坡计划在 2012 年前达到 60%的垃圾循环率。有鉴于此，新加坡国家环境局不断推广社区和工业废物循环。在社区垃圾循环方面，新加坡国家环境局的"全国循环计划"提供每一家住户环保袋或环保盒，并在每两个星期由指定的环保公司回收所收集的可循环垃圾。

（3）减少垃圾埋置场的垃圾。在循环不可焚化的垃圾方面，新加坡也取得了有效成果，目前已有再循环建筑业废料和造船厂铜渣的设施。为了更进一步减少垃圾埋置场的垃圾，一系列的再循环灰烬与淤泥的工作，包括把焚化厂的底渣转化成有用的建筑材料，也都在进行中。

（4）减少垃圾。为了从源头上抑制垃圾量的增长，新加坡国家环境局已与制造商和零售商研讨如何减少制造产品所需要的材料和包装，以及设计更好的环保产品。

2. 新加坡绿化计划

新加坡在 2001 年公布了一项环保计划草案，即《2012 年新加坡绿化计划》（SGP 2012），依据该计划所带动的环保相关产业，主要是在废水回收再利用、垃圾处理及资源回收、发展清洁能源及绿色建筑等 4 方面。

在能源使用方面，新加坡将越来越"趋向自然"。而目标就是使发电厂用天然气作燃料，到 2012 年使本国的发电量占到 60%。政府届时还将奖励选择使用天然气车辆的人。

在噪声控制方面，除了环境部最近施加的噪声限制外，还将为城市密集快速交通和城市轻轨快速交通列车制定更严格的规定。

固体废物的处理是新加坡的一个主要环境问题。固体废弃物管理在新加坡是一个竞争的市场，政府不负责固体废弃物管理，主要通过合同和投标的方法，由私营部门参与。新加坡固体废弃物由两个部分组成，一个是市政废弃物，由几个主要公司负责；另一个是工业和商业废弃物可自由选择公司进行回收。新加坡政府将固体废弃物管理列为环境和工程服务，将其作为经济增长 3 个最重要的增长领域之一。在这方面，将采取更多措施，鼓励再利用。而具体的目标就是到 2012 年，使新加坡的固体废物的再利用率达到 50%。

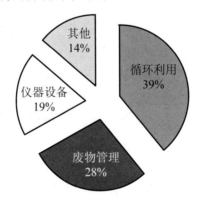

图 4-1   新加坡废物管理回收协会结构组成

在节水方面，新加坡政府在 2012 年时，全国 5% 的供水来自海水淡化，而总用水量的 20% 将来自回收再利用水。新加坡采用海水脱盐方式淡化海水，截至 2013 年底，新加坡将有两个海水脱盐厂，能够满足全国用水量的 30%。此外，新加坡还对废水开展回收处理和循环使用，循环水现在主要运用于工业产业。循环水的费用比家庭用的自来水低，而且比海水脱盐的成本还要低。

根据新加坡 2012 年绿化计划，在垃圾处理方面共有 3 项目标要达成。首要任务是要逐步提高资源回收率，由原本的 44%增至 2012 年的 60%、2020 年的 65%及最后达到 2030 年的 70%的回收率的目标；其次是要延长建于 1998 年的岸外垃圾掩埋场（Semakau Landfill）的使用年限至 2052 年；最后是要延缓对新建焚化厂的需求（由原本 5～7 年延缓至 10～15 年），终极目标是要达到零垃圾掩埋及零废弃物的境界。

3. 水处理行业发展规划

新加坡经济发展局拟定策略，要把新加坡发展为一个"环球水中枢"（Global Hydrohub），希望本地的水处理设备与相关服务行业在 10 年内可增长到全球市场的 3%～5%，在预处理膜（pre-treatment membranes）领域的全球市场占有率达到 5%～10%。

目前新加坡占全球水处理相关行业（包括水处理设备、服务及预处理膜行业）的比例不超过 1%。新加坡目前是多家外国水公司的营业基地，包括 Veolia、Siemens Water、GE Water 等。同时，新加坡也是多家水处理相关公司的上市首选地点，在新加坡证券交易所挂牌的水处理相关公司共有 8 家，占全球挂牌水处理公司总数的 10%以上。

按照新加坡经济发展局的分类，水处理行业是附属于工程与环保服务工业组合，这个行业组合分成工程服务（engineering services）、流程控制器材（process control instrumentation）及环保科技（environmental technology）三大领域。环保科技占新加坡国内生产总值的 0.7%左右，包括废水处理、废物管理、空气污染、替代能源等。

三、中新环保产业未来潜在的合作领域

新加坡优异的环境源于其稳固的政治领导及其始终坚持以经济与环境发展相协调为目标的原则。多年以来新加坡在污水处理和循环利用、垃圾处理和回收、清洁能源、绿色建筑等方面都取得了非常好的成效，不仅保证了新加坡的环境质量，也为其可持续发展奠定了良好基础。未来，中新环保产业潜在的合作领域建议为污水处理和清洁生产。

目前，新加坡政府正在大力发展水务产业，拨款 5 亿新元进行相关科技研究，并希望在 2015 年成为世界水务中枢。新加坡水务市场拥有 50 多家国际和本地企业，其中国内 8 家企业也已向海外发展。此外，新加坡已经建造了首个海水淡化厂，目前正在兴建第四个新生水厂。

在发展清洁能源方面，新加坡政府计划今后 5 年投资 3.5 亿新元，重点发展洁净能源产品，并将本国发展成为世界级的清洁能源枢纽。有关部门预计，清洁能源将在 2015 年为新加坡创造 7 000 个就业机会，带来 17 亿新元的经济收入。

第四节　发挥行业协会力量　促进绿色发展①

一、绿色产业与环保产业

绿色发展已经成为当今时代潮流，对于产业来讲，也应是绿色的产业。根据国际绿色产业联合会的定义，如果在生产过程中基于环保考虑，借助科技，通过绿色生产机制实现节约资源、减少污染的产业，即可称为绿色产业。

在泰国，绿色产业是指积极采用清洁生产技术，采用无害或低害的新工艺、新技术，大力降低原材料和能源消耗，实现少投入、高产出、低污染。

二、泰国环保产业发展概况

泰国环境保护主管部门是自然资源和环境部，其主要职责是制定政策和规划，提出自然资源和环境管理的措施并协调实施，下设自然资源和环境政策规划办公室、污染控制厅、环境质量促进厅等部门。

泰国关于环境保护的基本法律是 1992 年颁布的《国家环境质量促进和保护法》。此外，泰国自然资源和环境部还发布了一系列关于水、大气、噪声和土壤等方面的一系列公告。

泰国发布了《国民经济和社会发展计划（2012—2016 年）》，强调绿色经济和绿色社会。该计划倡导将消费模式转为环境友好型和可持续发展，提高环境公共意识和共同责任。计划也包括建立市场激励，通过采用有效机制，如 REDD、生

---

① 本文为泰国工业联合会工业环境研究所主任潘若·菲克帕蒂在 2013 中国－东盟环境合作论坛上的发言，有所删节。

态系统补偿等减少温室气体排放。

泰国还发布了《绿色增长战略规划》，旨在改进能源利用效率。在该规划下，将在能源和交通领域减少 73 000 000 吨碳，或在 2020 年减少 20%的温室气体排放。为支持该规划的实施，政府采取了改进的控制措施、优化的后勤和基础设施、研发、绿色采购方式，并通过生态标签和"3R"方法提高公众意识。除政府部门的努力外，泰国的私人部门也通过开发和生产环保产品和服务来积极参与该规划的实施。

根据 Frost & Sullivan 咨询和研究公司的调查分析，泰国的水供应和废水处理市场正在成为工程咨询服务的青睐领域，因城市和工业部门的需求回升，预计水供应和废水处理市场会有大幅增长。人口的增长以及水资源的短缺，促使政府鼓励投资供水和污水处理项目，到 2015 年，该市场的收入很可能达到 1.773 亿美元。

同时，相关资料显示，泰国自然资源和环境部污染控制司（PCD）预估全国废弃物产生量每年将以 4%的速度增长。这些固体废弃物的 80%采用露天填埋场进行处理，12%进入卫生填埋场，8%则进行资源回收。部分老旧填埋场即将饱和与新场址觅地困难，已成为泰国目前亟待解决的环保问题。此外，泰国境内利用焚化技术来处理废弃物的比例较低，热处理法等相关技术将成为该国废弃物处理的发展重点。

三、泰国工业联合会的环保职能

泰国工业联合会，作为非政府组织，于 1967 年 11 月 13 日成立。发展至今，泰国工业联合会的成员已遍布泰国的各个行业和各个地区。泰国工业联合会的愿景是通过进一步加强能力建设，促使泰国各个行业能够更具竞争性；同时，在环境问题和社会责任上，注重帮助企业特别是中小企业提升环境治理水平。泰国工业联合会的使命是要能够进一步提高泰国制造业的效率和有效性，同时要能够使各个行业和各个省的分会及中小企业增长潜力都得到巨大发展，同时要强调企业的社会责任以及可持续的发展。

泰国工业联合会可以为政府提供有效的信息和服务，也可以为国内外环保企业提供信息、咨询和交流的平台。泰国工业联合会承担了很多项目，比如说技术咨询和服务方面的咨询，主要是 ISO 14000 系列的认证，又包括这个产品生命周期清单和产品的评估等方面的问题，以及其他的一些关于技术方面的研讨会和培训班，如关于清洁生产机制、环境管理和环境标准和产品的生命周期评估等。通过示范项目的实施，帮助泰国企业提升环保技术水平和装备水平，同时也为国外环保企业进入泰国环保市场提供有效的支持和帮助。

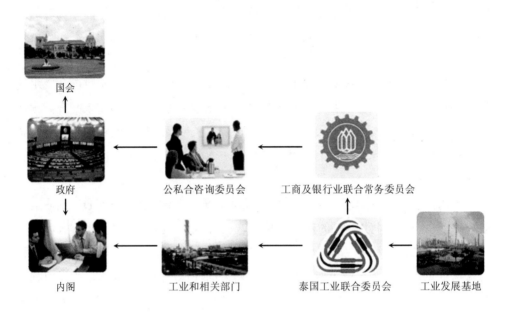

国会

政府　　　　公私合咨询委员会　　工商及银行业联合常务委员会

内阁　　　　工业和相关部门　　泰国工业联合委员会　　工业发展基地

图 4-2　泰国工业联合会的作用

四、绿色转型的合作机遇

在区域层面，绿色增长能够确保未来发展与全球共同保护环境和绿色经济转型相适应。绿色转型将促进东盟和中国在减少温室气体排放、污染、自然资源的低效率利用领域进一步深化合作。进而，刺激经济增长和就业、减少贫困。然而，在绿色转型过程中要考虑各自能力、经济发展水平和实力，以及不同国家的社会和文化价值。

虽然同属于东盟区域，但国家作为单独的经济体，其绿色转型模式和进程也将存在差异。泰国支持绿色转型，相信通过东盟与中国在低碳技术的交流、分享实践经验、公共私人合作伙伴关系、专家网络的建立等开展合作，将促共同进绿色增长。

第五节　环保产业创新实践：宜兴经验分享①

一、宜兴环保产业发展概况

宜兴环保产业起步于 20 世纪 70 年代，依托宜兴环保产业园创建，成立之初便整合吸收了宜兴环保工业园内优秀企业、信息、技术、人才、资金。产业集团以领先的环境综合服务商为商业模式与目标，产业集团的结构为一体两翼，两翼之一为自来水、污水、中水回用等传统水务；二为新能源、清洁能源、节能项目。产业集团辅以二十几个细分市场，拥有成熟先进技术，如海爵森的高浓度废水处理系统，韩国污泥资源化利用、下水道修复，日本伊藤忠水体修复系统，美国的土壤修复系统等。

二、以东盟中心为平台，深化与东盟的环保产业合作

宜兴环保产业集团携宜兴环科园，未来将依托中国—东盟环境保护合作中心这一重要的区域合作平台，围绕当前和第二阶段行动计划，与东盟各国建立良好关系并深化合作。

（一）关于低碳建筑、绿色基础设施建设与绿色交通合作

宜兴环保产业集团以此作为发展方向，其下属能源公司已经整合了国内一流的电吧、电动车生产供应商、电池生产企业的产品与技术、集成式充电桩与换电设备，以及分布式太阳能技术与装备，形成了成熟的方案，努力做成示范建设，控制碳排放。

（二）关于环保能力建设

宜兴环科园重视教育资源，尤其是高校资源的集聚。园区能够面向东盟和其他国家培训政府环保官员、设计人员、工程管理、技术人员和操作工人，有条件提供多层次环境专业培训。宜兴环保产业集团将以江苏省环保技术产业研究院为

---

① 本文为中国宜兴环保工业园经发局副局长兼江苏宜兴环保产业集团副总经理乔梁在 2013 中国—东盟环境合作论坛上的发言，有所删节。

龙头，整合现有各大产学研平台，分析产业政策，推动全省乃至全国环保重点领域的技术攻关、成果转化，最终朝着建设大学科技园、组建一所环保联合大学的目标迈进。

目标层	资源节约	环境优化	经济持续	社会和谐	创新引领
专题层	● 水资源 ● 能源 ● 土地资源	● 空气质量 ● 水环境质量 ● 废弃物 ● 噪声 ● 公园绿地	● 经济发展 ● 产业结构 ● 收入水平 ● 就业水平	● 住房保障 ● 医疗健康 ● 文体设施 ● 科技教育 ● 收入分配 ● 交通便捷 ● 城市安全	● 绿色建筑 ● 绿色交通 ● 特色风貌 ● 生物多样性 ● 防灾减灾 ● 绿色经济 ● 绿色生活 ● 数字城市 ● 公众参与
指标层	指标一	指标二	指标三	指标四	指标五

图 4-3　环科园低碳生态指标体系

（三）关于环保技术与经验交流

宜兴环保产业集团表示愿意同东盟各国企业加强技术与经验交流，包括环保园区建设。当前环保产业面临着"发展的机遇"与"成长的烦恼"共存的局面。与其他行业不同，环保产业投入产出比没有必然性，主要是技术与人才以及资金，然后是商业模式。在这方面，宜兴环保产业集团愿意分享经验与教训，帮助有关企业少走弯路。

（四）关于落实领导人倡议的重要举措

目前，围绕 2013 年 10 月份第十六次中国－东盟领导人会议，宜兴环保产业集团希望在中国－东盟环境保护合作中心牵头下，加快筹建"中柬环保技术合作中心"，并落户宜兴建立工作机构，在环科园建立中国－东盟环保技术研究院，建立中国－东盟环保产业合作基金，建立中国－东盟环保技术与产业合作示范与展示基地，并在东盟相关国家建立"环保技术中心"实验室、环保产业园等。

第六节　践行低碳环保　建设绿色南糖①

一、南宁糖业股份有限公司概况

图 4-4　南宁糖业厂区

南宁糖业股份有限公司是目前国内制糖行业最大的国有控股上市公司，主营机制糖、纸制品、蔗渣浆、酒精、复合肥等产品。公司组建以来，注重发展循环经济，投资 20 多亿元建立起了甘蔗—制糖—酒精—复合肥和甘蔗—制糖—蔗渣—制浆—造纸两条产业链，实现了经济实力的不断增强，为促进地方经济的发展和保护社会环境作出了积极贡献。

① 本文为南宁糖业股份有限公司生产总监陈思益在 2013 中国－东盟环境合作论坛上的发言，有所删节。

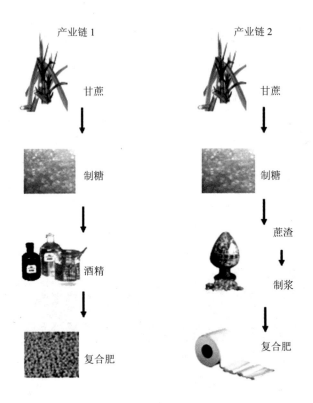

图4-5　南宁糖业产业链

二、南宁糖业股份有限公司推进绿色发展的主要经验

（一）综合利用蔗渣浆，节约木材消耗

蔗渣属于循环性质的可再生资源，利用蔗渣浆代替木浆生产纸制品，每吨纸产品可以节约木材约3吨，相当于可以少砍伐约20棵成年树。国内第一家以蔗渣浆为生产原料的造纸企业就诞生在南宁糖业，即南宁糖业控股的美时纸业公司。它的生产原料是80%以上的蔗渣浆，生产过程不掺杂任何的废纸浆，它的出现改变了广西糖厂以往燃烧蔗渣的处理方法，实现了对蔗渣的综合利用。

图 4-6　蔗渣浆综合利用设备

　　美时纸业公司在 2009 年 12 月被认定为"资源综合利用产品"，此后还享受国家资源综合利用退税政策的扶持。随后，南宁糖业又出资组建了天然纸业、美恒安兴纸业等控股子公司，建立起了蔗渣浆造纸的产业集群，形成了 20 万吨机制纸年生产产能。目前，南宁糖业所有的纸产品均采用蔗渣浆为原料，以此计算，公司一年可节约木材消耗量约 60 万吨，相当于少砍伐约 400 万棵成年树。

　　使用蔗渣浆为原料生产纸制品的另一个好处在于减少"白色污染"。以南宁糖业控股的侨旺纸模制品公司为例，它采用的是半自动纸浆模塑制品生产线，技术较为成熟，以 100% 的蔗渣浆为生产原料，使用后 180 天可自然降解。产品已通过美国 FDA 认证、德国 LFBG 认证、欧盟 BFR 认证、英国 BRC 认证，远销美国、英国、法国、加拿大、韩国等几十个国家和地区，成为许多国际知名企业的定点供方，如德国汉莎航空公司。产品曾经供应 2006 年都灵冬奥会、2008 年北京奥运会、2010 年温哥华冬奥会，以及肯德基、必胜客等商家使用。

（二）实施清洁生产，减少污染物排放

　　实施清洁生产是企业实现经济与环境协调发展的最佳途径，是工业污染防治的科学手段。南宁糖业自组建以来，积极践行保护社会环境的责任，构建健康的循环经济发展模式。先后投入 2 亿元资金建设废水好氧生化处理综合系统、糖浆上浮系统、布袋除尘、循环水池等上千套环保设备，使得公司所属厂实现了污染物的达标排放，糖厂的外排废水达到或优于国家清洁生产一级标准，下属多家糖

厂实现了生产过程"零取水",即除了在开机生产时一次性取用新水外,全部利用甘蔗自身的水分作为生产用水,不再取用新水。

图 4-7　清洁生产厂区

　　为了实现持续、健康发展,南宁糖业始终坚持将循环经济发展与技术进步相结合,每年均保持在节能降耗和环保方面的技改投入。2009 年,为了进一步减少造纸生产过程中二噁英等污染物的排放,南宁糖业投入近 1 亿元在国内蔗渣浆造纸企业中率先建设无元素氯漂白生产线,采用无元素氯工艺处理制浆产生的氯化有机物。通过技术改造,在确保废水达标排放的同时,有效减少二噁英类污染物对外排放,全面提高公司污染防治水平,推动企业可持续发展,在推动制浆造纸行业清洁生产方面起到了很好的引领和示范作用。由于始终坚持走绿色发展道路,南宁糖业的清洁生产工作取得了明显的成效,"十一五"期间共完成 SO$_2$ 减排 597.5 吨、COD 减排 7 766.9 吨,节约标准煤 128 559 吨,超额完成南宁市政府下达的节能减排目标任务,主要污染物排放总量控制在指标之内。

图 4-8　无元素氯漂白生产线

（三）淘汰落后产能，减少能源消耗

2012 年 2 月，广西壮族自治区党委、自治区人民政府发出"关于开展以环境倒逼机制推动产业转型升级攻坚战"的号召，要求"全面提升糖业、造纸、化工等行业发展水平，推进绿色发展、安全发展"。为积极响应号召，该公司明确提出了"做强主业，调整纸业，做兴第三产业"的转型发展思路，决心对产品档次较低、技术装备水平不高、资源能源消耗较大、资源能源利用效率较低的造纸产能实施关停并转，实现发展方式的转变和产业结构的优化升级。2012 年 6 月，公司果断关停了下属企业——制糖造纸厂 3.4 万吨制浆生产线，正式开启了新一轮的纸业结构调整步伐。该条生产线关停后，公司年产生的化学需氧量、二氧化硫、煤粉尘、炉渣和石膏大大减少。

图 4-9　淘汰落后生产线

在关停南宁制糖造纸厂制浆生产线后，南宁糖业又根据城市发展的需要，进一步关停了南蒲纸业公司 3.2 万吨的造纸生产线，对八鲤建材公司的水泥生产线和天然纸业公司的生活用纸生产线实施对外租赁，并于 2013 年 6 月份，关停了制糖造纸厂造纸生产线和美时纸业公司口杯原纸生产线，实现了对造纸系统资源的进一步优化配置，形成了合理的产业结构布局，既有效控制了南宁糖业造纸系统亏损金额，又减少了造纸生产中的化学需氧量等污染物的排放量，如制糖造纸厂造纸生产线关停后，化学需氧量、二氧化硫、煤粉尘、炉渣和石膏的年产生量将分别减少 245 吨、328 吨、56 吨和 8 026 吨，极大改善了厂区周边的居住环境。

多年来的生产实践证明，低碳、绿色的发展道路，是企业经济发展和社会环境保护双赢的发展之路。下一步，南宁糖业将从符合国家、自治区产业政策的角度出发，围绕蔗渣资源、废糖蜜等制糖生产资源综合利用的角度，进一步创新和延伸甘蔗制糖循环经济产业链，多个方向寻求发展，不断夯实企业的制糖主业基础，保持多个新兴产业支撑主业良性发展的态势，为建设"美丽广西"贡献力量。

第七节　环保产业国际化的实践与需求①

一、北控水务集团有限公司概况

北控水务集团有限公司（以下简称北控水务集团）是香港联合交易所主板上市公司。北控水务集团以"领先的综合水务系统解决方案提供商"为战略定位，以市场为基础，以资本为依托，以技术为先导，以管理为核心，专注于供水、污水处理等核心业务和环保行业。北控水务的商业模式包括 BOT/BOO、TOT/TOO、EPC、BT、水环境综合治理、同业并购、委托运营、DBO。主要的涉足的领域，包括传统水务、自来水、污水、海水淡化、物体以及污泥的处置，水环境综合治理。北控水务集团主要财务数据为：市值约 252 亿港元（截至 2013 年 8 月 30 日），总资产约 310 亿港元（截至 2012 年 12 月 31 日），总收入约 37 亿港元（截至 2012 年）。

二、海外发展实践——与马来西亚的合作项目

2009 年 10 月 15 日，马来西亚能源、绿色技术及水利部部长 Y.B. Datuk Peter Chin Fah Kui 一行访问我国水利部，并于 10 月 16 日专程到访北控水务集团。期间部长先生与北京控股集团有限公司董事长王东（原北京市国资委主任）、北控水务集团公司董事长张虹海（兼北京控股有限公司总裁）、总裁胡晓勇等就进一步推动项目进行了深入探讨与交流。

2009 年 11 月 11 日，在胡锦涛主席和马来西亚首相纳吉布及两国高级官员的见证下，由北控水务集团有限公司董事长张虹海与马来西亚能源、绿色工艺及水务部秘书长拿督哈林共同签署了排污服务领域合作备忘录。

2010 年 2 月 19 日，北控水务集团分别向马来西亚首相纳吉布先生，马来西亚能源、绿色科技及水务部，及其他相关部门就吉隆坡污水处理厂项目进行了专门汇报与视频汇报，该汇报方案得到了马来西亚相关政府部门官员的高度认可。马来西亚首相纳吉布先生以"精彩"二字形容了北控水务集团的视频汇报，并

---

① 本文为北控水务集团有限公司海外事业部副总经理张振鹏在 2013 中国－东盟环境合作论坛上的发言，有所删节。

明确将马来西亚最大的一座污水处理厂——潘岱第二污水处理厂作为本次合作项目的第一个项目优先启动。

2011 年 11 月 3 日，北控水务集团与马来西亚政府正式签署了规模为 32 万吨/日的潘岱第二污水厂项目协议，成功获取马来西亚项目。

马来西亚项目最终方案：

（1）DB+O 模式；

（2）地下式污水处理厂；

（3）集约化结构设计；

（4）绿色科技；

（5）功能与休闲相融合。

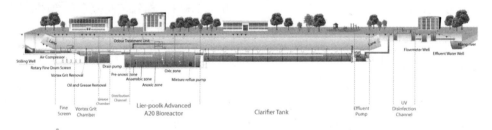

图 4-10　马来西亚项目最终方案

三、国际化发展中的障碍与需求

（一）国际化发展的主要障碍

（1）来自政治上、法律上乃至程序上的阻碍；

（2）信息渠道相对闭塞或者信息的不对等给投资活动带来障碍；

（3）面临能获得低成本资金的其他国家的企业带来的压力和投资障碍；

（4）自身管理水平和国际化专业人才的匮乏带来的障碍；

（5）地域文化不同带来的沟通与融合阻碍；

（6）缺乏自身投资保护和员工保护的意识与能力，导致项目执行中存在一定的风险和障碍。

（二）国际化发展的需求

中国环保企业在中国属于新兴的行业，国际化更是处于刚刚起步的阶段，而随着行业和经济发展的大趋势，"走出去"将是环保企业发展和壮大的必然趋势。作为先行实践海外发展的环保企业，结合我们海外发展中遇到的困难，我们希望能够得到必要的支持与扶持：

第一，通过设立不同行业的法律服务平台，向企业提供相关的法律咨询服务，提高企业自身的法律意识。中国企业"走出去"的过程中，大多数不重视游戏规则，对法律理解不当，或者对法律持怀疑和观望等态度，从而由自我保护的防御能力差，法律意识淡薄等情况导致的投资失败案例比比皆是。因此，相关的法律培训与咨询等对增强企业法律意识非常重要，尤其是针对不同行业需求的专项法律法规的援助与咨询服务将为新兴企业"走出去"保驾护航。

第二，提供政策性优惠贷款及低成本资金，或通过设立国家行业基金等方式为企业提供资金上的支持。中国环保企业的规模相对较小，尤其是在国际化的起步阶段，如果想与国际上大型环保集团具有可比性，除了加强自己能力和技术水平的建设外，低成本资金的支持也将对中国环保企业的发展起到至关重要的作用。这种支持可以包括：提供无偿资金、贴息、低息贷款、低成本保函、低成本的境外保险等，甚至可以是以政府资金直接参股项目投资。

第三，设立管理和人才培训的服务机构，为企业培养专业化人才。中国企业在"走出去"初期都面临着专业人才匮乏，自身国际化管理水平差和管理不规范等问题，因此，政府应该站在行业的角度，从各行业的普遍需求与专业需求出发，帮助企业建立健全国际化的管理制度，培养国际化的专业人才，帮助企业在"走出去"的过程中逐渐地、真正地实现制度接轨和人才接轨。

第四，设立海外行业协会与资源平台，实现真正的企业联合与资源共享。中国企业"走出去"都经历了前期漫长的摸索过程，也有许多企业在此过程中付出了巨大的成本和惨痛的代价。为了带动更多的企业成功实现国际化，政府应该组织先"走出去"的企业，扶持新企业，使得中国企业集团壮大，而非独大。同时，政府部门应该帮助中国企业加强与项目所在地政府、行业协会以及企业的沟通联合。

第五，提供品牌建设平台，创造品牌宣传机会。新兴行业"走出去"过程中，企业品牌与企业形象的建设尤为关键，"赚了收益丢了信誉"的做法在国际化发展中是致命的，企业应该加强自身品牌和形象的建设。同时，政府应该帮助企业加强品牌建设意识，增加对品牌技术和企业宣传工作的扶持力度，创造环境帮助宣传中国企业品牌文化等。

四、国际化发展的建议与总结

（1）充分认识自己，加强自身能力的培养与提高；

（2）严格遵守国际法律法规，重视国际竞争规则；

（3）利用和借助政府以及行业协会的支持，整合内、外部资源；

（4）注重品牌与形象，加强制度建立与完善，实现人文融合；

（5）稳扎稳打，以我出发，不急于求成。

第八节　抓住合作共赢机遇　共同实现区域可持续发展①

一、东盟的资源和环境状况

东盟的自然资源十分丰富，经济发展对自然资源依赖较大；在经济发展的同时，东盟面临日益严重的环境问题，寻求经济、社会、环境协调和可持续发展成为东盟成员国的必然选择；在国际社会的支持下，东盟加强环境保护和可持续发展合作，取得初步成效；近年来，中国－东盟环境合作突飞猛进，成效显著，成为双方合作的亮点之一。

---

① 本文为广东省深圳市深港产学研环保工程技术股份有限公司董事长杨小毛在2013中国－东盟环境合作论坛上的发言，有所删节。

二、东盟环保市场及技术需求

（一）东盟环保市场对水污染治理方面的技术需求迫切

2007 年，东盟地区共拥有 56 745 亿立方米的可再生水资源，但据预测，21世纪后半期东盟地区的水消费将翻倍；在印度尼西亚，2008 年，在监测的 33 条河流中，有 54%遭到污染；截至 2010 年，老挝尚有 18%的人口不能获得安全饮用水，柬埔寨仅有 69%的人口能够获得安全饮用水；泰国、马来西亚、菲律宾、缅甸、越南的水体污染问题也较为严重。

（二）适宜区域自然地理特征，处理效果好，性价比高，且便于操作、易于管理和维护的环保技术较适合东盟环保市场的技术需求

东盟幅员辽阔，内陆多山，拥有丰富的土地资源与矿物资源（新加坡除外），东盟位于热带地区，受季风影响，终年高温，平均气温在 25～34℃。除新加坡、文莱之外，东盟多数国家为发展中国家，经济实力有限，环保产业发展相对滞后，环保市场以水污染治理等基础设施建设最为迫切。

三、深港产学研环保工程技术股份有限公司介绍

深圳市深港产学研环保工程技术股份有限公司（以下简称深港环保公司）在深港产学研基地、北京大学深圳研究生院的支持下于 2006 年成立，以做国内顶尖的水处理技术提供商和运营商为发展目标。

公司充分利用北京大学在深圳的资源优势，依靠北京大学深圳研究生院、北京大学环境学院和香港科技大学的技术和人才优势，对环境问题进行深入研究。在环境影响评价、环境监理、环境科学研究、生态环境规划、清洁生产审核等领域取得了显著的成绩，特别是公司自主研发的人工快渗污水处理技术以其建设和运营成本低、出水效果好的优点在全国范围内迅速得到推广。环境保护部及住房和城乡建设部分别对该技术从工艺原理和实际应用角度进行技术鉴定，认为该技术非常适合我国中小城镇的污水处理，应"因地制宜，予以推广"。

深港环保公司成立了"中小城镇水环境工程中心"、"深圳市宝安区水环境生态修复工程中心"两大工程中心，"深圳市海岸大气实验室"、"深圳市环境微生物

资源开发与应用工程实验室"两大重点实验室，以及一个博士后工作站，大大提升了公司的技术团队实力。

四、人工快渗污水处理系统——一种新型生态污水处理技术

人工快渗污水处理系统（简称 CRI 系统）是由深港环保公司、中国地质大学（北京）、北京大学深圳研究生院联合开发的具有自主知识产权的新型生态污水处理工艺。该技术具有建设和营运成本低、运行稳定、建设周期短、出水效果好的优点，突破了传统的污水处理概念。它是来源于土地快渗和慢渗这样的一个处理工艺，采用复合技术填料，通过干湿交替的运营模式，在污水自上而下流经填料层时，发挥综合的物理、化学和生物作用，使得污染物得到最终的去除。

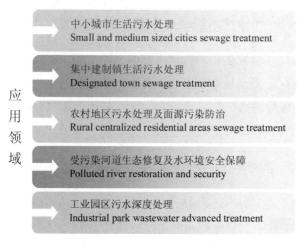

图 4-11　CRI 系统应用领域

目前该技术已经通过由中国环境科学研究院工程设计中心组织的专家鉴定，并入选国家发改委中小城镇污水处理推荐技术。根据已有的工程经验，河流污水水力负荷可达 1.5 米³/（米²·天）以上，生活污水日水力负荷可达 1 米³/（米²·天）以上。

广西鹿寨县城污水处理厂

广西蒙山县污水处理厂

白芒河水质净化工程

重庆桃花溪彩云湖生态补水工程

图 4-12 CRI 应用

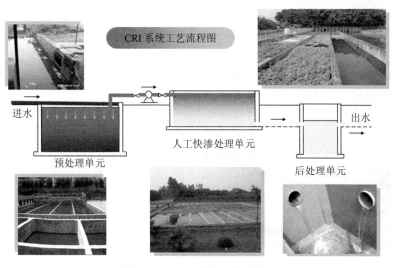

图 4-13 CRI 系统工艺流程

与常规的活性污泥法比较，CRI 系统具有非常明显的优势：①不产生活性污泥，省去活性污泥的处理费用，不会造成因活性污泥处置不当而引起对环境的二次污染；②投资费用省，约为一般活性污泥法的 1/2；③运行费用低，约为一般活性污泥法的 1/3；④出水效果好，出水水质可以达到《城镇污水处理厂污染物的排放标准》（GB 18918—2002）中一级 A 标准或景观及绿化回用水的水质标准；⑤便于操作，易于管理和维护，减轻了操作人员的劳动强度；⑥抗冲击负荷强，污水系统停止运行后，CRI 系统在 3～5 天内即可迅速恢复正常运行。

CRI 系统对污染物的去除效果基本情况为：COD 达 85%以上，BOD 达 90%以上，SS 的去除率达到 95%以上，氨氮的去处率为 90%左右，总磷的去除率可达 50%～70%。城市污水经过该工艺处理后能够达到《城镇污水处理厂污染物排放标准》（GB 18918—2002）的一级 A 或景观及绿化回用水的水质标准，受污水的河流水经过该工艺处理后能够大大改善河流水的水质，使河流水体能够达到《地表水环境质量标准》（GB 3838—2002）中的 V 类水体标准，或达到人体非直接接触的景观回用水及绿化回用水的水质要求，是河流水体水环境修复工程的新型工艺。

五、合作推广人工快渗技术，共同实现区域可持续发展

（1）充分发挥技术优势，稳步推进技术革新，全面拓宽人工快渗技术应用领域；

（2）抓住中国—东盟环境合作机遇，积极开拓人工快渗技术市场，共同推动区域经济社会环境相互协调融合，实现区域可持续发展。

第九节　博览世界　科技为先[①]

一、广西博世科环保科技股份有限公司概况

广西博世科环保科技股份有限公司（以下简称博世科）是广西首批国家级高新技术企业，总部设在南宁国家级高新技术产业园区，主要从事工程咨询、设计、环保及清洁化生产技术的研究开发、设备制造、销售和工程建设，并为客户提供

---

① 本文为广西博世科环保科技股份有限公司总经理宋海农在 2013 中国—东盟环境合作论坛上的发言，有所删节。

整体解决方案。公司拥有环境工程、给排水、固体废弃物处置、环保设施运营等多项国家甲级资质。博世科在高浓度工业废水的厌氧处理技术、难降解废水的深度处理技术、清洁化纸浆漂白用二氧化氯制备技术等方面处于国内领先水平。从2009年至今，博世科已获授权专利42项，其中发明9项。

通过市场开拓和跟踪研发，目前大部分科研成果及专利都顺利实现产业化，公司市场已形成"立足广西，面向全国，进军海外"的销售格局，产品和服务覆盖国内大部分省区，并出口东盟及中东等海外市场。目前服务领域涉及造纸、制糖、淀粉、酒精、化工、冶金、制药、市政工程等多个行业。

二、博世科的主要业务领域

（一）水处理及资源化利用

博世科环保在生物厌氧技术、高级氧化技术、中水回用等方面的技术处于国内领先水平。博世科掌握的水处理核心技术包括：

- UMAR 厌氧反应器，应用于造纸、淀粉酒精、制药、化工等高浓度有机废水的治理；
- UHOFe 高级氧化塔，应用于难生物降解废水的治理；
- 连续反冲洗砂滤器，应用于中水回用；
- JM 气浮器，应用于纤维回收、油水分离、深度处理、中水回用等领域。

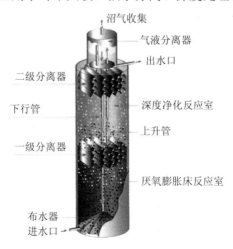

图 4-14　博世科研发的最新一代厌氧反应器

（二）废气脱硝

博世科充分吸收国内外先进技术的特点，自主建立了 B-SCR 及其联用的废气脱硝技术体系，为客户提供烟气脱硝环保辅助系统，并配套完善的服务和综合解决方案，有效控制大气污染物排放，保护生态环境。

（三）清洁化生产

博世科将综合预防的环境保护策略应用于生产过程中，采用清洁生产技术从源头上遏制、削减污染物排放量，实现企业效益与环境保护的双赢。公司自主研发的大型二氧化氯制备系统已顺利产业化并走向世界，有效降低了纸浆漂白所带来的环境污染，促进了制浆造纸行业的清洁化生产；公司配套开发的精制盐水过滤技术、氯酸钠制备技术等同时也为相关化学品工业的清洁生产提供了有力的技术支持。

图 4-15　工业氮氧化物去除器

（四）固体废物处置及资源化利用

博世科根据有机固体废物的特点，开发出适用于不同规模的有机固体废弃物循环再利用技术。目前拥有 MeHAD 高温热水解—厌氧消化技术、DACS 动态好氧堆肥仓式处理系统以及 SWARC 厨餐废弃物处理技术，可为客户提供全方位、一站式的废弃物处理技术咨询和项目管理服务。

（五）重金属污染治理及生态修复

针对以重金属污染土壤为主的污染场地的修复工作，博世科通过与国内外科研院所开展紧密科研合作，开发储备了大量土壤修复技术。利用物理、化学、生物技术等土壤修复处理技术，结合公司自主研发的重金属捕捉剂系列产品 BSC-R1、BSC-R2、BSC-R3，根据场地污染状况和土地规划使用性质，分类、分区、分别清理、处置开展生态修复。为工业污染场地修复、流域治理、矿山修复提供整套生态修复的解决方案、技术设备及工程总包等服务。

（六）市政公用工程

博世科先后承建广西、湖南、安徽等多省区的市政公用工程，业务范围包括市政给排水、中水回用系统、垃圾处理厂垃圾废液处理、工业园区污水处理等。公司竭诚服务社会，致力于打造碧水蓝天的和谐家园。

东盟各国与广西山水相连，加强与东盟合作，互利共赢，符合多方的共同利益有着相似的地理环境和产业结构，也面临相似的环境问题的挑战。博世科在专业技术领域中拥有国内多项领先技术水平和丰富的经验，可以为东盟各国环保产业提供相关的技术支持和服务。

第十节　绿色发展、循环经济发展实践与探索[①]

一、新天地环境服务集团概况

"一切源于自然，一切归于自然，整个自然和社会都在循环往复之中"。作为我国节能环保战略新兴产业领域的领跑企业，新天地环境服务集团（以下简称新天地）本着"源于自然，归于自然"的理念，凭借领先的环保技术和创新的商务运作模式，为客户提供集废物回收、管理、运输、无害化处置、资源化利用、环保咨询、零部件再制造和设备销售等于一体的服务。公司的主营业务包括城市矿

[①] 本文为新天地环境服务集团董事长韩清洁在 2013 中国－东盟环境合作论坛上的发言，有所删节。

产的建设、国家危险废弃物的处理、国内静脉产业园区的规划建设、再生资源回收体系的建设、污染土壤的修复、水体的修复、废水废气工程、环保新型装备的制造与输出等。

新天地倡导的循环经济发展模式包括 3 个部分：第一部分是环境服务的发展模式，它是一种微循环的模式，在农村、社区以及企业这种小范围内提供综合性的环境服务；第二部分是"6＋1"的生态工业发展模式，以市为单位，通过当地动脉加静脉的生态工业园区模式，为整个城市提供废弃物的解决方案；第三部分是国际资源整合的模式，通过国际再生资源监管区建设，将城市矿产资源、国际废物在高效利用的基础上进行循环。

新天地提倡动脉加静脉的产业模式，并在山东省青岛市创建了我国首个国家级静脉产业园区。这种产业模式的基本原理是：社会中所有日常的生产、消费和流通都是动脉产业，动脉产业会产生各种毒素和废弃物；而解决这些废弃物的方法和渠道，就是静脉产业。动脉产业通过回收网络进入静脉产业，静脉产业通过再生网络再回到动脉产业，如此形成一个循环。

国际合作方面，新天地承担了中韩、中日、中瑞、中德等国际合作研发课题，与美国、加拿大、挪威、英国、日本、韩国、澳大利亚等 20 余个国家开展研发和商务合作。新天地期待未来能与东盟国家展开合作。

二、新天地主要业务领域

（一）固体废物无害化处置

新天地承建的山东省工业固体废物处置中心、青岛市危险废物处置中心、青岛市医疗废物处置中心、陕西省危险废物处置中心是全国危险废物和医疗废物处置设施建设规划中的重点建设项目，承担山东省、陕西省的工业固废集中无害化处置工作。中心按照"三位一体"模式建设，高标准建设了焚烧、安全填埋、稳定化固化、物化处理等配套齐全的基础设施，其技术工艺达到国内一流水平，各类污染物排放达到欧盟 2000/76/EC 标准。

（二）废旧家电及电子产品资源化利用

公司自主研发设计了国际先进的、适合中国国情的各类废旧电器电子产品拆解再利用技术工艺和装备，可回收、处置包括电冰箱、空调、洗衣机、废电视、废电脑和小家电、办公电器、手机等在内的废弃电器电子类产品；配套了 ROHS 等高精度成分检测实验室、专业电子介质销毁中心、氟利昂回收提纯再生系统、CRT 处置系统、手机拆解线、高效破碎分选系统、线路板等，可将得到的铜、铁、铝、塑料及深加工得到的贵重金属等"城市矿产"资源重新输入动脉产业进行循环利用。

图 4-16　废弃电器电子产品资源化利用

作为家电"以旧换新"中标企业，新天地与国美、苏宁、五星等家电卖场建立业务联系，并在全国范围内建立起一定规模的回收处理体系。

（三）报废汽车资源化利用

新天地自主研发了报废汽车精细化拆解流水线和报废汽车壳体和废钢自动化破碎生产线，精细化拆解流水线适用于汽车分类标准中轿车类的拆解，破碎流水线能够满足轿车壳体整体破碎的需要，可处置报废汽车车身、废钢、电冰箱、CRT 显示器、自行车、摩托车、打包料、小家电等多种回收物资，实现了一机多用和整线国产化。还与日本合作研发了国内首套氟利昂冷媒回收提纯再生利用系统，可对 5 种氟利昂冷媒进行回收、提纯、再生，提高了项目的环境效益。

图 4-17　新天地报废汽车项目

图 4-18　污染土壤修复业务

（四）污染土壤修复

新天地环境服务集团旗下的环境修复公司专注于国内各类土壤及地下水的污染治理及修复工程，在污染调查、风险评估、技术研选、修复设计及工程实施等各个环节为业主提供全方位服务，为项目提供专业客观的分析及经济有效、可靠适用的修复方案。公司拥有许多经验丰富的外籍专家、趋于完善的修复技术、雄厚的技术设备研发能力及多年的现场操作和管理经验。目前公司已成功承接了由中韩两国政府及环保部共同举办的研究课题——研究六价铬污染土壤修复技术，并研发完成了针对重金属铬污染场地所采用的土壤清洗中试设备。

（五）废容器再生

新天地环境服务集团旗下的废容器再生有限公司，专业从事废工业容器的再生利用。公司通过自主研发实现了绿色环保的先进再生技术，实现了关键设备的国产化，填补了多项国家空白，项目可年再生 30 万只废油桶，可将废旧容器在不进行回炉重新制造的基础上进入市场重新流通。容器的出厂标准严格按照《包装容器铁桶》的出厂标准。

（六）环境咨询，环境资源交易

青岛新天地环境咨询有限公司可向全社会提供城市矿产相关的技术引进和业务咨询、评估服务、国际交流、信息服务、项目运作、ETC 等业务服务。

为通过金融创新手段促进节能减排，新天地与青岛市环科院、环保产业协会共同承建了青岛市环境资源交易所。交易所将立足半岛蓝色经济区逐渐向全国辐射，业务范围是以排污权交易为主，同时兼有碳排放权交易、环境污染防治技术及产品交易、节能技术及产品交易等服务。

第十一节　大力发展再生有色金属产业　推动有色工业的绿色转型[①]

一、大力发展再生有色金属产业的必要性

（一）资源的有限性和不可再生性决定了必须发展再生有色金属产业

据有关资源统计，目前世界可供开采的资源储量：铜 53 年，铝 55 年，铅 21 年，锌 23 年。按照这些数字，几十年后这些主要的有色金属将无矿可采。而我国的有色资源储量情况就显得更加严峻，到 2020 年要实现 GDP 比 2000 年翻两番，有色金属的使用量也将翻番。因此资源的有限性和不可再生性决定了必须发展再生金属产业。

---

① 本文为广西有色再生金属有限公司副总经理范翔在 2013 中国－东盟环境合作论坛上的发言，有所删节。

（二）可持续的经济增长方式决定了必须走循环经济发展之路

再生金属产业，是发展循环经济的重要内容。再生金属与原生金属相比，省去了繁杂的采矿、选矿、粗炼等工艺，其优势在于节能、减排、降耗。有资料显示，再生铜、铝、铅、锌的综合能耗分别只是原生金属的 18%、4.5%、27% 和 38%，每生产 1 吨再生铜和铅，可以减少排放工业废渣 100 吨、20 吨，二氧化硫 2 吨、0.6 吨；每生产 1 吨再生铝，可以节约氧化铝 4 吨、电 14 700 千瓦·时，减少排放赤泥 1.5 吨。因此再生有色金属的快速发展，将从根本上推动我国有色行业整体的节能降耗和污染物减排。因此要转变经济增长方式就必须大力发展再生金属产业。

表 4-1　再生金属与原生金属的节能减排指标

	能耗/（kg 标煤/t）							水耗/t			固体排放/t	废气排放/t
	采矿综合能耗	选矿综合能耗	冶炼综合能耗	原生金属能耗合计	再生1吨金属能耗	每吨再生金属节约能耗	再生金属与原生金属能耗比	原生1吨金属	再生1吨金属	每吨再生金属节水量	每吨再生金属减少固体废物排放量	每吨再生金属减少二氧化硫排放量
铜	334	823	485.8	1444	390	1054	27%	396.5	2	395	380	0.137
铝	38	1997	1881	3916	150	3443	4%	22.7	0.5	22	20	—
铅	175.6	117.1	551.3	844	185	659	22%	235.5	0.5	235	128	0.03
锌	72	87.4	1 063.27	1223	—	—		78	—	—	52	0.062

（三）同世界先进国家相比，我国再生有色金属的发展还存在很大的差距

2000 年以来的十几年，我国再生有色金属产业迅猛发展，再生有色金属产量从 2000 年的 72 万吨上升到 2010 年的 720 万吨，在 2015 年将要突破 1 110 万吨，但与循环经济做得非常到位的美国、德国、日本相比，还存在很大的差距。它们再生铜、铝、铅占原生金属的比例分别高达 60%、50%、75%、80%、45%、55%、45%、90%、60%，而我们还徘徊在 20%～25%。

二、发展再生有色金属产业大有可为

近几年来，我国的再生有色金属产业不仅产量增长，而且连续几年保持较快于原生金属产业的发展速度，已经成为有色金属工业的重要组成部分。

（一）从"村野传统矿山"到"城市矿山"的漂移，是循环经济理念反向运动的必然结果

"村野传统矿山"的建立，是从地质找矿、采矿、选矿、冶炼、加工、销售到工厂的单向过程，属线性经济；而"城市矿山"是从回收、拆解、熔炼、深加工、零部配件、销售进企业和家庭等用户到再回收、拆解、再熔炼的过程，属循环经济。线性经济以牺牲资源为代价，循环经济以再生利用资源为目标，是转变经济发展方式和实现可持续发展的必然途径。

（二）再生有色金属储量丰富

1. 再生金属产量逐年扩大

随着各个产业的迅速发展，我国已经成为有色金属消费量巨大的国家，其中铜和铝的消费量居全球首位，分别占全球铜、铝消费总量的 22%、25%，铅、锌消费量也是世界前列。与此同时，我国的再生金属产量也在逐年扩大。2002—2008 年，全国再生铜的年产量从 88 万吨上升到 190 万吨，再生铝的年产量从 130 万吨上升到 260 万吨，再生铅的年产量从 17 万吨上升到 70 万吨。2008 年受国际金融危机影响，再生金属的产量略有减少。

2. 废旧有色金属进口量逐年增加

我国有色金属废料进口量每年以两位数增长，超过全球废金属量的 70%，位居全球第一。其中，铜废料的进口量从 2002 年的 308 万吨上升到 2008 年的 558 万吨；铅废料的进口量从 2002 年的 45 万吨上升到 2008 年的 215 万吨；其他再生锡、镍、钼、铋、铬、锰、铁、不锈钢等废杂金属进口量也逐年增加。2008 年受国际金融危机影响，2009 年的进口量约有减少，但 2010 年以后又大幅上升。

3. 再生有色金属资源蕴藏空间巨大

随着城镇化建设的推进，我国在很多领域已经进入资源循环的大周期，仅以

汽车、家电、电脑、手机为例，其每年淘汰量相当大；同时，电力、电缆、机电设备、电子、通信、交通、建筑、装修业产业的再生金属资源也与日俱增。到 2006 年止，我国铜、铅、铝的社会积蓄量高达 2 567 万吨、5 879 万吨、7 470 万吨。这些资源蕴藏在一座座无形的"城市矿山"中，给有色金属资源的回收和再利用提供了大好的发展条件。

4. 再生有色金属产业的发展趋势和潜力

从目前来看，我国再生有色金属产业已呈现由东向西、由沿海向内地梯度转移的发展趋势。国内再生资源回收体系将逐步健全；产业走向集约化、圈区化生产模式；再生有色金属企业向规模化绿色低碳化发展，技术装备水平不断提高；产业规范化、法制化日趋完善，为再生有色金属产业发展提供了保障。从发达国家经验来看，再生铜、再生铝占铜、铝消费量的比例普遍在 50%～70% 和 60%～80% 以上，而 2008 年我国仅为 24.1% 和 17.3%，这说明再生有色金属产业发展的潜力和空间巨大。再加上我国"世界制造业中心"地位的进一步加强，资源的逐步匮乏和节能减排标准越来越严，只要突破制约产业的关键技术，加快产业升级，淘汰落后产能，实现绿色转型，再生有色金属产业发展前景广阔、大有可为。

三、广西有色再生金属有限公司概况

广西有色再生金属有限公司是广西有色金属集团成立的国有控股企业。公司依托梧州进口再生资源加工园区和国家城市矿产示范基地，致力于发展再生金属产业，重点发展 30 万吨再生铜、30 万吨再生铝、10 万吨再生铅、10 万吨再生锌的冶炼和深加工，以及金银综合回收等五大产业链，同时还承担了梧州市辖区内矿产资源、广西区内铜矿资源的整合工作。

公司投资建设的 30 万吨再生铜项目于 2010 年 9 月 28 日正式破土动工，2012 年 10 月项目全面建成并一次性试产成功。2012 年实现营业收入 80.5 亿，2013 年有望突破 100 亿。30 万吨再生铝、10 万吨再生铅、25 万吨光亮铜杆也正在进行项目前期工作，有望早日投资建设。

图 4-19 梧州再生铜冶炼工程精炼摇炉

第五章 推进中国－东盟绿色发展与环保合作

第一节 中国－东盟环境保护合作回顾[①]

当前，国际局势正在发生深刻变化，气候变化、能源资源安全、生物多样性保护等全球性资源环境问题的挑战日益严峻。同时，新一轮产业和科技变革方兴未艾，绿色发展、低碳发展、循环发展正成为新的发展趋势和时代潮流。在新的形势下，加强区域环境合作，共同促进区域绿色和可持续发展具有十分重要的意义。东盟—中日韩环境部长会议为我们提供了一个很好的政策对话、经验分享、探讨合作的平台。

中国政府十分重视环境保护工作，将环境保护作为一项基本国策，提出了加强生态文明、建设美丽中国的战略目标，并正在积极探索一条符合中国国情，代价小、效益好、排放低、可持续的环境保护新道路。经过坚持不懈的努力，我们在环境保护方面取得了明显成效。

"十一五"期间，我们采取了一系列强有力的污染防治和减排措施。2010年，全国化学需氧量排放量较2005年下降12.45%，二氧化硫下降14.29%，均超额完成减排任务。中国城市污水处理率由2005年的52%提高到2012年的84.9%；燃煤电厂脱硫机组比例由2005年的12%提高到2012年的90%。相比2005年，2010年全国地表水化学需氧量浓度下降了31.9%，113个重点城市空气中二氧化硫浓度下降了26.3%。据最新统计数据，今年上半年主要污染物排放持续下降。中国经济在保持增长的同时，环境保护取得上述成绩来之不易，付出了很大努力。

面对当前突出的大气、水等环境污染问题，我们坚持预防为主、综合治理，

---

① 本文根据中国－东盟环境保护合作中心副主任郭敬、副主任周国梅、处长彭宾在2013中国－东盟环境合作论坛上的发言整理完成，有所删节。

强化对水、大气、土壤等污染防治，着力推进重点流域和区域水污染防治。中国政府出台了《大气污染防治行动计划》，还将出台一系列环境污染防治行动计划，包括以饮用水安全保障为重点，加强重点流域和地下水污染防治；以解决农村生态环境问题为重点，深入推进农村环境连片整治和土壤污染治理等。

中国的生态文明建设是开放的、包容的、共赢的。中方一贯支持加强环境保护国际合作，在环境保护领域形成了一系列制度化合作机制。中国－东盟环境合作是其中的重要合作机制。中国政府十分重视发展同东盟的关系。近年来，在领导人的高度重视下，在各方的积极参与和推动下，中国与东盟的环境合作取得长足进展。自 2010 年中国－东盟环境保护合作中心成立以来，双方通过了环境合作战略，制定了合作行动计划（2010—2013 年），创建了中国－东盟环境合作论坛，启动了中国－东盟绿色使者计划，重点推进了生物多样性保护、环境产业与技术交流等领域的合作。目前，在双方的共同努力下，合作行动计划第一期已经取得了阶段性成果，并在充分协商的基础上，对第二期行动计划达成了一致意见。

为进一步加强中国－东盟环境合作，探索"南南环境合作"的成功模式，我们应继续发挥好中国－东盟环境保护合作中心的平台、桥梁和窗口作用，围绕合作战略所确定的合作目标和优先领域，开展务实对话与合作。继续加强环境政策高层对话、公众环境意识与环境教育、生物多样性与生态保护、环境友好技术与产业、联合政策研究等合作，同时，积极探讨新的合作内容和方式，不断丰富合作内涵。

中方愿意与东盟成员国一道，加强协调、凝聚共识、深化合作，让可持续发展成果惠及本地区各国人民，为"南南合作"和"南北合作"注入新的活力。中方将继续以建设性态度，与各国认真探讨推进本地区环境合作的各项倡议，与各国携手努力，共建和谐、繁荣的亚洲，为区域的绿色发展作出贡献。

第二节　中国－东盟环境合作论坛成果

自 2011 年在广西壮族自治区南宁市首次举办以来，中国－东盟环境合作论坛已发展成为中国和东盟之间开展环境政策高层对话的重要平台，成为探讨环境与发展合作的重要渠道，成为连接社会各界参与区域环保合作的重要桥梁。此次论坛以"区域绿色发展转型和建立伙伴关系"为主题，充分反映了中国与东盟各成员国加强环境合作，共同促进区域绿色发展的良好愿望，具有重要的现实意义。

中国－东盟环境合作论坛作为倡导创新与绿色发展理念的大会，是一次共同探索区域环保合作大计、共谋绿色发展的盛会。与会各国代表充分利用本次论坛召开的契机，围绕主题，广泛交流、汇集各方面的智慧，在本次论坛上达成了如下共识：

第一，中国与东盟成员国同属发展中国家，在经济快速发展、城市化进程加快的过程中，都面临着环境污染、自然资源开发过度、生物多样性减少、生态系统退化等问题。我们需要彻底转变经济发展模式，走绿色可持续的发展道路，才能确保社会和谐发展，经济持续稳定增长，人民生活质量逐步提高，才能确保整个区域的共同繁荣。我们确信，绿色经济在未来必将成为世界经济发展的主流，也必将成为中国以及东盟国家经济发展的新引擎。清洁能源、低碳技术、循环经济等绿色产业领域将成为转变经济发展模式的主要动力和方向。加强绿色经济领域的合作十分重要和必要。

第二，环境保护是一个跨越国界的问题，我们应该携起手来，积极应对各种环境挑战，抓住发展机遇，在绿色发展转型中创造共赢局面。在推动经济发展绿色转型的过程中，我们在污水治理、大气污染控制、固废回收、清洁生产技术以及新能源开发等方面有很大的发展空间。中国－东盟环境合作既充满挑战，又面临机遇。我们应本着互利共赢，携手推进，相互交流，取长补短，努力将中国－东盟环境合作打造成"南南合作"的典范。

第三，经济转型过程中，环保产业的发展正在受到各方重视，我们应借助各种合作平台，通过贸易和投资渠道，进一步加强双方的环保产业合作。我们应加大对环保产业的投资力度以及技术支持，政府需要制定适当的法律法规和激励政策，促进绿色产业发展，企业之间应加强环境技术交流与合作。当前，我们正在制订中国－东盟环保产业和技术合作框架。我们应抓好合作框架的落实，切实为环保企业之间的合作搭建桥梁，创造条件。

与会各国代表在达成共识的基础上，进一步取得了以下几项具体成果：

第一，作为领导人提出的合作倡议的成果，中国－东盟环境保护合作战略和行动计划的具体举措，论坛为双方搭建了一个重要的政策对话与交流平台。通过广泛的参与、充分的信息和经验交流，增进了中国、东盟之间的相互了解和友谊，提出了实现区域绿色发展和可持续发展的政策及合作建议。与会各方在区域绿色发展转型政策与实践、构建绿色发展转型伙伴关系、发展绿色经济与绿色发展实现途径等方面达成了共识。

第二，宣传了我国生态文明理念、推动绿色发展转型中的环保成就和中国－东盟环境合作进展，通过东盟国家、国际机构和其他国家的参与，扩大了中国－东盟环境合作的影响，为进一步加强中国－东盟环境合作创造了良好条件。

第三，通过中国、东盟环保产业相关部门、国际合作伙伴、国际组织和企业界的参与，初步搭建中国－东盟环保产业合作平台，并建立起一个环保技术和产业交流信息网络，为进一步深化中国－东盟环保产业合作打下了基础。今后应充分发挥中国－东盟环境保护合作中心的窗口、桥梁和平台作用，深化合作伙伴之间的固有联系，调动各种有效资源，支持中国－东盟环保产业合作。

第三节　中国－东盟绿色合作展望

东盟是我国的重要周边，在我国的外交战略中具有重要地位，加强与东盟各国的环境合作具有十分重要的政治、经济和环境意义。自 1991 年中国与东盟建立正式对话关系以来，双方的关系发展十分迅速，在中国和东盟各国领导人的重视和关心下，环境保护逐步成为双方合作的重点领域。

我国将在已有的合作基础上，继续扩大和深化中国－东盟环境保护合作，认真落实第 13 次中国－东盟领导人会议成果和合作倡议，重点落实《中国－东盟环境保护合作战略 2009—2015 年》，推进双方开展务实合作。中方将在《中国－东盟环境保护合作战略》和《中国－东盟环境保护合作行动计划》指导下，以环保产业与技术交流为切入点，推进双方的环境合作，为区域可持续发展作出积极贡献。未来重点工作建议如下：

第一，在绿色发展领域促进无害化技术、环境标志与清洁生产的合作。中国和东盟国家通过在绿色发展领域的信息交流与经验分享，进一步实现如下目标：促进环境友好技术的研发与转让；推动环境标志与清洁生产合作；完成中国和东盟国家在可持续生产与消费的对话合作。

第二，以环境友好技术的交流与合作为切入点，搭建区域绿色发展的合作平台。未来应发挥中国－东盟环境保护合作中心作用，通过建立中国－东盟环保技术与产业合作网络，来实现对区域绿色发展合作平台的建设工作。其中，通过建立政府间沟通机制以及建立产业界交流合作机制，把中国—东盟环境技术与产业合作网络打造成为区域绿色发展的基础，为双方搭建平台与桥梁，推动中国和东盟环境友好型技术的交流与合作。

第三，开展环境技术、产品与服务示范项目研究。环境技术、产品与服务示范项目，围绕中国与东盟国家共同关注的水污染治理、固体废弃物治理、大气污染治理、环境监测和环境标志产品合作及互认等领域实施。示范项目将为解决中国与东盟国家面临的资金、技术、标准、交易模式等发展"瓶颈"提供借鉴，为中国与东盟国家探索符合本国实际的环保产业发展新道路提供支持，促进中国与东盟国家环保产业以及环境服务业的发展。

附录一

中国－东盟环境合作行动计划

（2014—2015 年）

一、背景

1．中国－东盟环境合作是中国－东盟合作框架下的优先合作领域之一，受到中国和东盟各成员国的高度重视。在领导人的支持和环境主管部门的共同努力下，中国－东盟环境合作在过去 10 年里得到了稳定、快速的发展。中国－东盟环境合作采取"南南合作"的形式，是区域环境合作的一个重要机制，也是通过区域合作实现 2012 年 6 月在巴西里约热内卢举行的"里约 20 国峰会"提出的目标的一个有效途径。

2．2003 年，中国和东盟在签署的《和平发展战略合作伙伴联合宣言》中提出，将"进一步促进科技、环境、教育及文化的交流和人员交流，及改善这些领域的合作机制"。

3．2007 年，在新加坡举行的第十一次中国－东盟领导人会议上，中国和东盟同意制订环境保护合作战略。2009 年，中国和东盟通过了《中国－东盟环境保护合作战略 2009—2015》（以下简称合作战略 2009—2015）。在合作战略中，中国和东盟同意在以下 6 个重点领域开展环境合作：

（1）公众意识和环境教育；

（2）环境友好技术、环境标志及清洁生产；

（3）生物多样性保护；

（4）环境管理能力建设；

（5）环境产品及服务合作；

（6）全球环境问题。

4. 2010 年，为促进中国与东盟的环境合作，中国环境保护部组建了中国－东盟环境保护合作中心。2010 年，在越南召开的第 13 次中国－东盟领导人会议上，中国提议制定实施合作战略 2009—2015 的行动计划。此次会上，领导人还通过了《可持续发展联合宣言》，宣言提出："支持发挥中国－东盟环保合作中心的作用，积极落实《中国－东盟环保合作战略 2009—2015》，特别是在通过与东盟生物多样性中心合作保护生物多样性和生态环境、清洁生产、环境教育意识等领域开展合作，支持《东盟环境教育行动计划 2008—2015》及环境可持续城市，共同努力实现人与自然和谐发展。"

5. 2011 年，为实施合作战略 2009—2015，中国和东盟联合开发并实施了《中国－东盟环境合作行动计划 2011—2013》（以下简称行动计划 2011—2013）。行动计划 2011—2013 确定了一系列合作活动，如建立中国－东盟环境合作政策对话平台，启动和实施中国－东盟绿色使者计划，促进环境友好技术和产业合作，开展联合研究。根据行动计划的规定，中国与东盟成员国分别指定了国家联络员。

6. 中国和东盟为实施行动计划 2011—2013 开展了密切合作，举办了如下的合作活动：

（1）召开中国－东盟环境保护论坛。该论坛于 2011 年、2012 年分别举行过一次，主题分别为"创新与绿色发展"及"生物多样性和区域绿色发展"。

（2）启动和实施中国－东盟绿色使者项目。该项目于 2011 年启动。在该项目框架下，召开了绿色发展与环境管理的研讨会等活动。

（3）开发和实施生物多样性和生态保护合作计划。2011 年中国－东盟环境保护合作中心和东盟生物多样性中心联合开发了合作计划。实施了一系列合作活动，如专家访问、研讨会及中国－东盟生物多样性实践案例研究等。

（4）环境产业和技术合作。中国和东盟正在编制"环境友好技术与产业合作框架"，该框架可以为将来的合作建立基础。

（5）联合研究。中国和东盟在这个领域的合作主要是编写中国－东盟环境展望报告。

7. 行动计划 2011—2013 将于 2013 年到期。为确保合作的继续和合作战略 2009—2015 的实施，中国和东盟同意编制《中国－东盟环境合作行动计划 2014—2015》"（以下简称行动计划Ⅱ），其目的是为东盟和中国在未来两年的环境合作提供指导。

二、行动计划

1. 环境合作高级别政策对话

中国是东盟主要的对话伙伴之一。通过环境合作高级别政策对话，东盟和中国的政策制定者将就区域重大环境议题交换看法，分享环境管理的经验，通过采取联合行动提升环境合作水平，落实中国－东盟领导人会议达成的合作共识。高级别政策对话包括中国－东盟部长级会议和中国－东盟环境合作论坛。

（1）中国－东盟环境部长级会议

①中国－东盟环境部长级会议（EMM）是中国－东盟环境合作的高层对话机制，由中国和东盟各国（AMS）环境部长、东盟秘书长，以及其他高级官员参加。

②中国－东盟环境部长级会议的主要职能为：为中国－东盟环境合作提供战略指导；就环境合作的重大议题交流看法；就共同关心的全球和区域环境议题开展政策对话；听取中国－东盟环境合作进展报告等。

③中国－东盟环境部长级会议将根据需要召开。第一届中国－东盟环境部长级会议将在适当的时间举办。

（2）中国－东盟环境合作论坛

①中国－东盟环境合作论坛是一个就环境合作主要问题、区域和全球的共同关切的环境议题，以及促进中国和东盟在环境领域开展务实合作的重要平台。

②政府官员、企业家、专家及来自中国、东盟各国、第三方国家及国际机构、非政府组织，及其他利益相关人将参加论坛。

③中国－东盟环境合作论坛将在 2014—2015 年期间每年举行一次。

2. 公众意识及环境教育

根据东盟环境教育行动计划（AEEAP）2008—2012 年及后续行动计划，该领域合作旨在通过中国和东盟的环境教育机构及相关政府、民间团体之间的交流和合作，提高中国与东盟公众的环境保护意识。

中国－东盟绿色使者计划

①绿色使者计划包括 3 个部分，即绿色创新、绿色先锋及绿色企业家。

②绿色创新旨在通过举办中国－东盟管理能力建设、研修，以及专家、知识

和信息交流等活动，以提高决策者对环境问题的意识和环境管理能力。

③绿色先锋以促进中国和东盟青年交流为目的。将针对中学和大学的在校学生举办活动，以提高其环境保护意识。建立中国和东盟各国教育机构、政府、民间团体、信息交流机构的公众环境意识网络。与现有的中国和东盟项目，如东盟生态学校和中国绿色学校建立联系，提高合作成效。

④绿色企业家通过分享经验及培训活动以提高企业的社会环境责任。

3. 环境友好技术与产业

该领域的合作旨在促进自然资源的有效利用，降低污染物排放，促进环境友好技术的发展和传播，加强环境标志、清洁生产合作，促进可持续的生产和消费。环境友好技术与产业合作的重点是实施中国-东盟环境友好技术与产业合作框架。

中国-东盟环境友好技术与产业合作框架

①通过各种合作活动，如建立环境友好技术与产业合作网络和服务平台，建立基地和开发示范项目，为中国和东盟在环境技术和产业方面的合作提供路线图。

②通过中国和东盟机构和企业的参与，建立中国-东盟环境友好技术与产业合作网络，为中国和东盟环境友好技术交流提供基础。

③为促进中国和东盟各国能力建设和保护环境，将建立环境友好技术与产业信息、研发和培训服务平台。

④为加速中国和东盟各国环境产业的发展，利用现有的合作平台，如中国-东盟博览会，建立环境友好技术与产业合作展示基地。

4. 生物多样性与生态保护

该领域合作旨在通过分享知识与经验，有效利用政策工具，提高生物多样性与生态保护的能力。该领域的合作将重点实施中国-东盟生物多样性与生态保护合作计划。

中国-东盟生物多样性与生态保护合作计划

①中国和东盟成员国将联合开发中国-东盟生物多样性与生态保护合作计划。合作计划的开发工作应在2014年第一季度前完成。

②合作计划旨在帮助开展生物多样性和生态保护，支持中国和东盟成员国制订和实施生物多样性国家战略和行动计划，以实现国际上一致同意的生物多样性保护目标。

③在中国-东盟生物多样性和生态保护合作中，应将中国与东盟现有的合作机制，如东盟野生动物保护执法网络（ASEAN-WE）纳入生物多样性和生态保护合作计划中。

5. 联合研究

中国和东盟将就重要的区域环境问题或中国东盟之间环境合作的重要问题开展联合研究，以为政策制定提供信息基础，促进区域绿色和可持续发展。

（1）中国-东盟环境展望报告

①编制中国-东盟环境展望报告旨在研究中国和东盟面临的主要环境问题、环境合作的现状和进展，并为中国和东盟环境主管部门提供政策建议。

②中国-东盟环境展望报告将不定期出版。第一份报告应在 2014 年底前完成并出版。

③中国、东盟成员国、其他国家及国际组织将被邀请参与报告的编写。

（2）中国-东盟环境合作战略 2016—2020 年

中国和东盟将联合制订 2016—2020 年环境合作战略。新战略将在现有战略于 2015 年到期后，为中国-东盟环境合作提供指导。

（3）人员交流

中国与东盟将开展双向的研究人员和专家交流，以提高中国和东盟研究机构的研究能力。行动计划 II 实施期间，将鼓励开展更多的人员交流活动。

三、行动计划的实施

1. 机构安排

（1）行动计划 2014—2015 年将在中国和东盟环境主管部门分别批准后实施。

（2）中国和东盟的环境主管部门将为行动计划 2014—2015 年的实施提供支持和指导。

（3）中国-东盟环境合作国家联络员将监督行动计划 2014—2015 年的实施，并负责中国与东盟各国政府间的沟通和协调。

（4）由东盟秘书处环境办公室与中国-东盟环境保护合作中心分别指定的实施行动计划的联合主任将负责协调及合作活动的实施。

（5）鼓励中国与东盟成员国的政府部门、企业及民间组织参与、支持行动计划的实施。

2. 伙伴关系

（1）中国—东盟环境合作向其他国家与国际组织开放。欢迎区域和国际发展机构、第三国政府及机构支持和参加中国—东盟环境合作。

（2）私人部门的参与非常重要。将加强与私人部门的合作，建立公共—私人部门伙伴关系（PPP）。

3. 资源和资金支持

支持实施行动计划的主要资金来源包括但不限于：

①中国—东盟合作基金；

②国际伙伴的资金支持；

③中国政府的资金；

④东盟国家政府的支持；

⑤私人部门资金的支持。

4. 审议实施情况

（1）2015 年将审议行动计划 II 和合作战略 2009—2015 年的实施情况，对整个合作战略 2009—2015 年的实施情况进行检查。

（2）在东盟秘书处环境办公室、中国及东盟成员国国家联络员的协助下，中国—东盟环境保护合作中心组织将负责组织审议活动。

ASEAN-CHINA

ENVIRONMENTAL COOPERATION PLAN II

(2014—2015)

I. Background

1. The Association of Southeast Asian Nations（ASEAN） and China have been paying great attention to the environmental protection，one of the priority areas under the ASEAN-China cooperation framework. With the leaders' support and under the joint efforts of environment authorities，environmental cooperation between ASEAN and China has witnessed steady and rapid development over the past decade. The environmental cooperation between ASEAN and China taking the form of "South-South cooperation" constitutes an important mechanism to promote sustainable development through regional cooperation which is seen as an effective way to reach the targets set by the "Rio +20" held in June 2012 in Rio de Janeiro，Brazil.

2. In 2003，ASEAN and China signed the Joint Declaration on Strategic Partnership for Peace and Prosperity，in which ASEAN and China committed to "further activate exchanges in science and technology，environment，education and culture as well as personnel exchanges and improve cooperation mechanisms in these areas".

3. At the 11th China-ASEAN Summit in Singapore in 2007，ASEAN and China agreed to develop a strategy on environmental cooperation. In 2009，ASEAN and China adopted the "China-ASEAN Strategy on Environmental Protection Cooperation

2009—2015"（hereafter referred to as the Strategy 2009—2015），in which ASEAN and China agreed to focus the environmental cooperation on the following six priorities：

- Public awareness and environmental education
- Environmentally sound technology，environmental labelling and cleaner production
- Biodiversity conservation
- Environmental management capacity building
- Cooperation on environmental goods and services
- Global environmental issues

4. In 2010，the Ministry of Environmental Protection of China established the China-ASEAN Environmental Cooperation Center（CAEC）with the aim to promote environmental cooperation between ASEAN and China. At the 13 th China-ASEAN Summit in Vietnam in 2010，China proposed to work out an action plan to implement the Strategy 2009—2015，and the leaders endorsed the Joint Statement on Sustainable Development，in which ASEAN and China committed to support the role of CAEC，actively implement the cooperation strategy，in particular，cooperate in such fields as biodiversity and ecological conservation through engagement with the ASEAN Centre for Biodiversity（ACB），cleaner production，environmental education and awareness to support the ASEAN Environmental Education Action Plan 2008—2015 as well as environmentally sustainable cities，and work together for harmonious development between man and nature.

5. In 2011，China and ASEAN jointly developed and adopted the "ASEAN-China Environmental Cooperation Action Plan 2011—2013"（hereafter referred to as the Action Plan 2011—2013）to implement the Strategy 2009—2015. The Action Plan 2011—2013 sets a range of cooperation activities such as the establishment of China-ASEAN environmental cooperation and policy dialogue platform，launch and implementation of the China-ASEAN Green Envoys Program，promotion of the cooperation on environmental industry and technologies and conduct of joint research projects. In accordance with the Action Plan，the environmental authorities of the ASEAN Member States and China respectively designated National Focal Point

（NFP）.

6. ASEAN and China closely worked together to implement the Action Plan 2011—2013 and undertook the following cooperation activities:

- Organization of ASEAN-China Environmental Cooperation Forum. The Forum was organized twice in 2011 and 2012, respectively with the theme of "Innovation for Green Development" and "Biodiversity and Regional Green Development".

- Launch and implementation of the China-ASEAN Green Envoys Program. The Program was launched in 2011. Under the framework of this program, seminars and workshops on green development and environmental management were organized.

- Development and implementation of the Cooperation Plan on Biodiversity and Ecological Conservation. CAEC and ACB jointly developed the cooperation plan in 2011. Cooperation activities such as experts' visit, seminar as well as development of the Case Studies on Good Practices of Biodiversity Conservation in ASEAN and China were implemented.

- Cooperation on environmental industry and technologies. ASEAN and China are developing the Cooperation Framework on Environmentally Sound Technology & Industry which creates a basis for future cooperation in this area.

- Joint research activities. The cooperation between ASEAN and China in this area is focused on the development of the China-ASEAN Environment Outlook.

7. The Action Plan 2011—2013 will come to the end in the year 2013. To ensure the continuity of cooperation and implementation of the Strategy 2009—2015, ASEAN and China agreed to develop the "ASEAN-China Environmental Cooperation Action Plan II II （2014—2015）" （hereafter referred to as the Action Plan Ⅱ）, with the aim to provide guidance to ASEAN and China to cooperate in the area of environment for the next two years.

Ⅱ. Plan of Actions

1. High Level Policy Dialogue on Environmental Cooperation

China is one of the major dialogue partners for ASEAN. The high level policy dialogue on environmental cooperation will provide the policy makers of ASEAN and China with opportunities to exchange views on important environmental issues in the region, share experience in environmental management, and upgrade environmental cooperation through taking joint actions, as well as carry out the cooperation initiatives made by the leaders at the ASEAN-China Summit. The high level policy dialogue consists of ASEAN-China Environment Ministerial Meeting and ASEAN-China Environmental Cooperation Forum.

（1）ASEAN-China Environment Ministerial Meeting

①ASEAN-China Environment Ministers Meeting（EMM）is a high-level dialogue mechanism for ASEAN-China environmental cooperation, which will be attended by ministers from ASEAN Member States（AMS）, China, the Secretary-General of ASEAN and their senior officials.

②The ASEAN-China EMM mandates include: providing strategic guidance for ASEAN-China environmental cooperation, exchanging views on major issues of environmental cooperation, conducting policy dialogue on global and regional environmental issues of common concern, reviewing progress of ASEAN-China environmental cooperation, etc.

③The ASEAN-China EMM will be organized on the needs basis. The first ASEAN-China will be organized at an appropriate time.

（2）ASEAN-China Environmental Cooperation Forum

①The ASEAN-China Environmental Cooperation Forum serves as one important platform for exchanging views on major issues of environmental cooperation, conducting policy dialogue on global and regional environmental issues of common concern and promoting practical cooperation in the field of environment between China and ASEAN.

②The government officials, entrepreneurs, experts and other stakeholders from China, AMS, Non-AMS and international institutions, non-governmental organizations, will be invited to participate in the Forum.

③The ASEAN-China Environmental Cooperation Forum will be organized annually during the period of 2014—2015.

2. Public Awareness and Environmental Education

The objective of cooperation in this area is to enhance China-ASEAN public awareness of environmental protection through exchanges and cooperation between environmental education institutions as well as relevant governmental and civil society organizations of China and ASEAN member States in accordance with the ASEAN Environmental Education Action Plan（AEEAP）2008—2012 and the future plan being formulated. The cooperation on public awareness and environmental education will be conducted through the implementation of the ASEAN-China Green Envoys Program.

ASEAN-China Green Envoys Program（GEP）

①GEP consists of three components，namely green innovators，green pioneers and green entrepreneurs.

②Green innovators aims to enhance the awareness of decision makers on environmental issues and their capacity of environmental management，through various activities，such as the conduct of capacity building/training workshops，exchange of experts as well as related knowledge and information among the AMS and China.

③Green pioneers aims to promote the exchange between the young people from China and ASEAN. Activities will be organized to increase the awareness of young students mainly in secondary school and university on environmental protection. A network of public awareness on environment will be established with the involvement of education institutions，government，civil societies，information and communication institutions from AMS and China. Linkage and cooperation with the existing initiatives in ASEAN and China，such as ASEAN Eco-school Programme and China Green School，will be sought to have greater effectiveness.

④Green entrepreneurs aims to enhance enterprises' corporate social responsibilities on environment，through experience sharing and training activities.

3. Environmentally Sound Technology & Industry

The objective of cooperation in this area is to promote efficient use of natural resources，reduce pollutants emission，facilitate the development and transfer of environmentally sound technologies，enhance cooperation in environmental labelling and cleaner production and promote sustainable production and consumption. The cooperation on environmentally sound technology & industry will be conducted through the implementation of the ASEAN-China Cooperation Framework on Environmentally Sound Technology & Industry.

ASEAN-China Cooperation Framework on Environmentally Sound Technology & Industry

①The Framework provides a road map for China and ASEAN to upgrade cooperation on environmental industry and technologies through various cooperation activities，such as，establishment of a network of environmentally sound technology and industry cooperation，service platforms，demonstration base and development of pilot projects.

②The ASEAN-China network of environmentally sound technology & industry cooperation will be established with the participation of Chinese and ASEAN organizations and enterprises. It will serve as the basis for the exchange of environmentally sound technology between the ASEAN and China.

③The service platform for information exchange，development and training on environmentally sound technology and industry will be established，with the aim to advance the capacity building endeavors of AMS and China to protect environment.

④The demonstration base for environmentally sound technology and industry cooperation will be established，with the aim to boost the development of environmental industry in AMS and China，by taking advantage of existing cooperation platform such as the China-ASEAN Expo.

4. Biodiversity and Ecological Conservation

The objective of cooperation in this area is to enhance capacity on biodiversity and ecological conservation through knowledge and experience sharing，use of effective tools and instruments，etc. The cooperation in this area will be conducted through the implementation of the ASEAN-China Cooperation Plan on Biodiversity and Ecological Conservation.

ASEAN-China Cooperation Plan on Biodiversity and Ecological Conservation

①ASEAN and China shall jointly develop the ASEAN-China Cooperation Plan on Biodiversity and Ecological Conservation. The Cooperation Plan shall be completed within the first quarter of 2014.

②The cooperation plan must be able to assist biodiversity and ecological conservation and provide support to the governments of AMS and China on the development and implementation of national strategies and action plans for achieving internationally agreed goals and targets.

③Existing cooperation mechanism between the ASEAN and China established under relevant initiatives such as ASEAN-Wildlife Enforcement Network（ASEAN-WEN）and China shall be sustained and integrated in the cooperation plan on biodiversity and ecological conservation.

5.　Joint Research

ASEAN and China will conduct joint research either on environmental issues of region-wide significance，or on important issues on environmental cooperation between ASEAN and China，in order to promote regional green and sustainable development through information-based policy making.

（1）ASEAN-China Environment Outlook

①The development of the Report on ASEAN-China Environment Outlook aims to examine the major environmental issues，status and progress of environmental protection in ASEAN and China，and provides policy advices to the environmental authorities in ASEAN and China.

②The ASEAN-China Environment Outlook will be prepared and published from time to time，and the first report will be finished and released by the end of 2014.

③Experts from AMS，China and other countries，as well as from international organizations will be invited to participate in the preparation of the Report.

（2）ASEAN-China Strategy on Environmental Cooperation 2016—2020

ASEAN and China will jointly formulate and adopt a new strategy on environmental cooperation for the period from 2016—2020. The new strategy will provide guidance for ASEAN-China environmental cooperation after the expiration of the existing strategy which will end in 2015.

（3）Personnel Exchange

Mutual exchange of researchers and experts is taken as an effective way to increase the capacity of research institutions in ASEAN and China to conduct research work. It is encouraged to take more activities of personnel exchange during the period of the Action Plan II.

III. Implementation of the Action Plan

1. Institutional Arrangement

（1）The Action Plan 2014—2015 will be implemented after the approval by the environmental authorities of ASEAN and China respectively.

（2）The environmental authorities of ASEAN and China will provide support and guidance for the implementation of the Action Plan 2014—2015.

（3）The National Focal Points（NFPs） for the ASEAN-China environmental cooperation will supervise the implementation of the Action Plan 2014—2015, and be responsible for the communication and coordination between governments of AMS and China.

（4）The co-directors appointed respectively by the ED of the ASEAN Secretariat and CAEC will be responsible for coordination on the development and implementation of the cooperation activities.

（5）Local governments，enterprises and civil society in AMS and China are encouraged to join and support the implementation of this Action Plan.

2. Partnership

（1）The ASEAN-China environmental cooperation is open to other countries and international organizations. Therefore，regional and international development organizations，as well as governments and institutions of third countries are welcome to support and participate in the ASEAN-China environmental cooperation.

（2）The participation of private sector is also important for the implementation of the Action Plan. Public-Private Partnership（PPP） will be strengthened in the cooperation.

3. Resources and Funding Support

Major funding resources to support the implementation of the Action Plan include but are not limited to：

- ASEAN-China Cooperation Fund
- Funding support from international partners
- Funding from Chinese government
- Support from governments of ASEAN countries
- Funding support by private sectors

4. Review of the Implementation

（1）Final review on the implementation of this Action Plan Ⅱ and the Strategy 2009—2015 will be carried out in 2015 to have an overall examination of the implementation of this Action Plan and the Strategy 2009—2015.

（2）The final review will be organized by the CAEC in collaboration with the ED of the ASEAN Secretariat and with the participation of NFPs of AMS and China.

附录二

中国－东盟环境合作论坛

——区域绿色发展转型与合作伙伴关系会议日程

2013 年 9 月 4—5 日中国·桂林

9 月 4 日星期三			
上午	会议注册		
14:00—15:30	第一单元开幕式及高层政策对话		
	主持	宋小智	中国环境保护部国际司副司长
	欢迎致辞	蓝天立	广西壮族自治区人民政府副主席
	主旨发言	李干杰	中国环境保护部副部长
		拉曼·勒楚马兰	东盟副秘书长代表
		尹金生	柬埔寨环境部国务秘书、副部长
		阿克·图拉姆	老挝自然资源与环境部部长
		特信	缅甸森林与环境保护部副部长
15:30—15:45	茶歇		
15:45—17:30	主持	拉曼·勒楚马兰	东盟秘书处环境办公室主任
	主旨发言	达纳·卡塔库苏玛	印度尼西亚环境部部长助理
		瑞斌·尼克	马来西亚自然资源与环境部副秘书长
		皮塔亚·普卡曼	泰国自然资源和环境部部长顾问
		朴英雨	联合国环境规划署亚太办公室主任
		许延根	亚洲开发银行东亚局副局长
18:00—20:00	招待会		
	主持	黄武海	广西壮族自治区人民政府副秘书长
	致辞	蓝天立	广西壮族自治区人民政府副主席

9 月 5 日星期四			
09:00—10:30	第二单元区域绿色发展转型政策与实践		
	主持	拉曼·勒楚马兰	东盟秘书处环境办公室主任
	引导发言	夏光	中国环境保护部政策研究中心主任
	发言	孔冠	柬埔寨环境部副司长
		郝马特	缅甸森林与环境保护部环境保护司副司长
		罗廷荣	广西大学副校长
		美雅	新加坡 LHT 控股有限公司常务董事
		尤莎·凯特柴	泰国自然资源与环境保护部国家环保局办公室主任
	自由发言和讨论		
10:30—10:45	茶歇		
10:45—12:00	第三单元构建绿色发展转型伙伴关系		
	主持	周国梅	中国－东盟环境保护合作中心副主任
	特邀嘉宾	周卫	桂林市人民政府副市长
	引导发言	彭宾	中国－东盟环境保护合作中心处长
	发言	卡帕迪·卡曼内	老挝自然资源与环境部环境质量与发展司司长
		奴玛妍缇	印度尼西亚环境部环境标准与评价司司长
		萨拉特·瑞拉瓦纳	亚洲开发银行自然资源管理高级专家
		陈杰瑞	亚洲开发银行大湄公河次区域环境管理中心生物多样性与景观保护专家
		克劳迪娅·沃瑟	德国国际合作机构项目经理
	自由发言和讨论		
12:00—14:00	午餐		
14:00—16:45	第四单元中国－东盟环保产业合作圆桌会		
	主持	阿卜杜勒·什克	马来西亚自然资源与环境部环境管理部
	特邀嘉宾	涂竞	商务部机电产业司副处长
	发言	莫德·哈姆兹	马来西亚国家印务有限公司环境安全与健康部经理
		潘若·菲克帕蒂	泰国工业联合会工业环境研究所主任
		乔梁	江苏宜兴环保产业集团副总经理兼中国宜兴环保工业园经发局副局长
		陈思益	南宁糖业股份有限公司生产总监
		张迪松	新加坡 Resourceco 有限公司集团业务发展总监
		范翔	广西有色再生金属有限公司副总经理
		杨小毛	深圳市深港产学研环保工程技术股份有限公司董事长

14:00—16:45	发言	张振鹏	北控水务集团有限公司海外事业部副总经理
		宋海农	广西博世科环保科技有限公司总经理
		韩清洁	新天地环境服务集团董事长
	讨论		
16:45—17:00	茶歇		
17:00—17:30	第五单元会议总结		
	主持	檀庆瑞	广西壮族自治区环境保护厅厅长
	致辞	朴英雨	联合国环境规划署亚太办公室主任
		拉曼·勒楚马兰	东盟秘书处环境办公室主任
		郭敬	中国—东盟环境保护合作中心副主任

ASEAN-China Environmental Cooperation Forum 2013

Building up Partnership for Regional Green Transformation

4—5 September 2013

Guilin，China

Agenda

4 September 2013

	Session I：Opening & High-Level Policy Dialogue	
	Moderator：	
	Ms. Song Xiaozhi	Deputy Director General，Department of International Cooperation，Ministry of Environmental Protection of China
	Welcome remarks：	
	Mr. Lan Tianli	Vice-Governor， Guangxi Zhuang Autonomous Region，China
	Opening remarks & High-Level Policy Dialogue	
14:00—15:30	Mr. Li Ganjie	Vice-Minister，Ministry of Environmental Protection of China
	Dr. Raman Letchumanan	Representative of the Deputy Secretariat General of ASEAN
	Mr. Yin Kimsean	Secretary of State，Ministry of Environment，Cambodia
	Mr. Akhom Tounalom	Vice-Minister，Ministry of Natural Resources and Environment of Lao PDR
	Dr. Thet Thet Zin	Deputy Minister，Ministry of Environmental Conservation and Forestry，Myanmar

15:30—15:45	Coffee/Tea break	
15:45—17:00	Moderator:	
	Dr. Raman Letchumanan	Head of Environment Division，ASEAN Secretariat
	Opening remarks & High-Level Policy Dialogue:	
	Mr. Dana Adyana Kartakusuma	Assistant Minister，Global Environment，Ministry of Environment，Indonesia
	Datuk Dr. Abdul Rahim bin Haji Nik	Deputy Secretary General，Ministry of Natural Resources and Environment，Malaysia
	Mr. Pithaya Pookaman	Advisor to Minister of Natural Resources and Environment，Ministry of Natural Resources and Environment，Thailand
	Dr. Young-Woo Park	Director and Representative，UNEP Regional Office for Asia and the Pacific
	Dr. Edgar A. Cua	Deputy Director General，East Asia Department，ADB
18:00—20:00	Reception	

5 September 2013

	Session Ⅱ：Policies and Practice on Green Development Transformation in the Region	
09:00—10:30	Moderator:	
	Dr. Raman Letchumanan	Head of Environment Division，ASEAN Secretariat
	Speakers:	
	Mr. Xia Guang	Director General，Policy Research Center for Environment and Economy，Ministry of Environmental Protection，China
	Mr. Kong Ngoun	Deputy Director General，Ministry of Environment，Cambodia
	Mr. Hla Maung Thein	Deputy Director General，Environmental Conservation Department，Ministry of Environmental Conservation and Forestry，Myanmar
	Mr. Luo Yanrong	Vice-President of Guangxi University
	Ms. May Yap Mui Kee	Executive Director，LHT Holdings Limited，Singapore
	Mrs. Usa Kiatchaipipat	Director of the Office of National Environment Board，Ministry of Natural Resources and Environment，Thailand
	Questions & Comments	

10:30—10:45	Coffee/Tea break
	Session III: Establish Partnership for Green Development Transformation
	Moderator:
	Ms. Zhou Guomei — Deputy Director General, China-ASEAN Environmental Cooperation Center
	Speakers:
	Mr. Huang Junhua — Mayor, Government of Guilin, China
10:45—12:00	Mr. Peng Bin — Division Director, China-ASEAN Environmental Cooperation Center
	Mr. Khampadith Khammounheuang — Director General, Department of Environmental Quality and Promotion, Ministry of Natural Resources and Environment of Lao PDR
	Ms. Nurmayanti — Head of Division, Management for Standardization and Environmental Evaluation, Ministry of Environment, Indonesia
	Mr. Sanath Dharmasiri Bandara Ranawana / Mr. Jerry Jie Chen — Senior Natural Resources Management Specialist, Thailand Resident Mission, ADB / Biodiversity and Landscape Conservation Specialist, GMS Environment Operation Center, ADB
	Claudia Walther — Project manager, GIZ
12:00—14:00	Lunch Break
	Session VI: Roundtable on Environmental Industry Cooperation
	Moderator:
	Mr. Abdul Aziz Bin Chik — Environmental Control Officer, Department of Environment, Ministry of Natural Resources And Environment, Malaysia
	Speakers:
	Mr. Tu Jing — Deputy Director, Department of Mechanic, Electronic and Hi-tech Industry, Ministry of Commerce, China
14:00—16:45	Mr. Mohd Hafiz Tarmizi Bin Hamzah — Safety, Health & Environment Manager, Percetakan Nasional Malaysia Berhad
	Ms. Panrat Phechpakdee — Director of the Industrial Environment Institute, The Federation of Thai Industries, Thailand
	Mr. Qiao Liang — Deputy Manager General, Yixing Environmental Protection Industry Group, Jiangsu Province
	Mr. Chen Siyi — Production Manager, Nanning Sugar Industry Co., Ltd.
	Mr. Zhang Disong — Group Business Development Director, Resourceco Asia Pte Ltd., Singapore
	Mr. Fan Xiang — Deputy Manager General, Guangxi Nonferrous Metals Recycling Co., Ltd.

14:00—16:45	Mr. Yang Xiaomao	Chairman，Shenzhen-Hong Kong Institute of Industry，Education & Research Environment Protection Engineering Technique Co.，Ltd.
	Mr. Zhang Zhenpeng	Deputy General Manager，International Business Division，Beijing Enterprises Water Group Limited
	Mr. Song Hainong	Manager General，Guangxi bossco Environmehtal Protection Technology Co.，Ltd.
	Mr. Han Qingjie	Chairman，New World Environmental Service Group
	Discussions	
16:45—17:00	Coffee/Tea break	
17:00—17:30	Session Ⅴ：Closing Ceremony	
	Moderator：	
	Mr. Tan Qingrui	Director General，Department of Environmental Protection of Guangxi，China
	Closing Remarks：	
	Dr. Young-Woo Park	Director and Representative，UNEP Regional Office for Asia and the Pacific
	Dr. Edgar A. Cua	Deputy Director General，East Asia Department，ADB
	Dr. Raman Letchumanan	Representative of the Deputy Secretariat General of ASEAN
	Mr. Guo Jing	Acting Director General，China-ASEAN Environmental Cooperation Center

附录三

中国－东盟环境合作论坛

——区域绿色发展转型与合作伙伴关系参会人员名单

序号	姓名	机构和职务
一、环境保护部及相关机构		
1	李干杰	中国环境保护部副部长
2	宋小智	环境保护部国际合作司副司长
3	张天华	环境保护部规划财务司副司长
4	夏光	环境保护部环境与经济政策研究中心主任
5	郭敬	中国－东盟环境保护合作中心副主任
6	周国梅	中国－东盟环境保护合作中心副主任
7	孙雪峰	环境保护部国际合作司亚洲处处长
8	涂竞	商务部机电和科技产业司副处长
9	周震恒	国家开发银行国际金融局副处长
10	郑伟博	环境保护部办公厅
11	康赟	环境保护部国际合作司
12	朱斌庚	环境保护部国际合作司亚洲处
13	洪少贤	环境保护部宣教中心宣传室主任
14	王家廉	中国环保产业协会水污染治理委员会秘书长
15	梁鹏	环境保护部环境工程评估中心总工程师
16	于云江	环境保护部华南环境科学研究所副所长
17	李丽平	环境保护部环境与经济政策研究中心副所长
18	肖俊霞	环境保护部环境与经济政策研究中心研究员助理
19	王慧杰	环境保护部环境规划研究院
20	贾秀芹	环境保护部环境认证中心
21	陈颖	环境保护部环境发展中心
22	黄正光	环境保护部华南环境科学研究所
23	张业玲	中国环保产业协会项目专员
二、广西政府及环保机构		
24	蓝天立	广西壮族自治区人民政府副主席

序号	姓名	机构和职务
25	黄武海	广西壮族自治区人民政府副秘书长
26	韦江	广西壮族自治区人民政府办公厅处长
27	梁冕	广西壮族自治区人民政府办公厅
28	李宗展	广西壮族自治区人民政府办公厅
29	檀庆瑞	广西壮族自治区环境保护厅厅长
30	钟兵	广西壮族自治区环保厅副厅长
31	寒兴超	广西壮族自治区环保厅副厅长
32	周平顺	广西壮族自治区环保厅办公室主任
33	黄克	广西壮族自治区环保厅办公室
34	苏方彬	广西壮族自治区环保厅规划财务处调研员
35	胡永东	广西壮族自治区环保厅科技标准处处长
36	冯建华	广西壮族自治区环保厅生态处处长
37	潘国尧	广西壮族自治区环保厅生态处副处长
38	李海翔	广西壮族自治区环保厅生态处
39	谭良	广西壮族自治区环境保护科学研究院院长
40	郭建强	广西壮族自治区环境保护科学研究院副院长
41	曾广庆	广西壮族自治区环境保护科学研究院副院长
42	梁雅丽	广西壮族自治区环保宣教中心副主任
43	黄付平	广西环保产业协会秘书长
44	刘斌	广西海洋局局长总工程师
45	潘文峰	广西壮族自治区发改委副主任
46	蒙启鹏	广西壮族自治区发展改革委处长
47	谭秀群	广西壮族自治区工信委副处长
48	张文军	广西壮族自治区国土厅副厅长
49	黄永	广西壮族自治区林业厅副厅长
50	黄雪霞	广西壮族自治区水利厅
51	舒奇	广西壮族自治区商务厅副处长
52	黄延	南宁市政府副秘书长
53	刘宏武	北海市人民政府副市长
54	叶长茂	北海市人民政府
55	周卫	桂林市人民政府副市长
56	陆钦华	钦州市人民政府副市长
57	吴智全	百色市人民政府市长助理
58	陈伟刚	南宁市环境保护局党组书记
59	甘景林	柳州市环境保护局局长
60	宋毅	北海市环境保护局局长
61	吴福安	梧州市环境保护局局长

序号	姓名	机构和职务
62	覃献生	河池市环境保护局局长
63	玉德	来宾市环境保护局局长
64	龚冲仪	玉林市环境保护局副局长
65	苏业清	贺州市环境保护局局长
66	韦家杰	崇左市环境保护局局长
67	覃志坚	百色市环境保护局局长
68	万里滔	防城港市环境保护局局长
69	符锦成	钦州市环境保护局局长
70	褚民	桂林市环境保护局局长
71	吴光辉	贵港市环境保护局副局长
三、地方环保机构		
72	翟春宝	贵州省环境保护厅副厅长
73	王联社	新疆维吾尔自治区环境保护厅副厅长
74	孙庆民	黑龙江省环境保护厅副巡视员
75	张信芳	海南省国土环境资源厅总工/党组成员
76	赵湘茹	天津市环境保护局副调研员
77	邢美楠	天津市环境保护局工程师
78	卜平	黑龙江省环境保护厅对外合作处处长
79	施敏	上海市环境保护局副处长
80	蒋澄宇	江苏省环境经济技术国际合作中心主任
81	喻江山	江苏省环境经济技术国际合作中心
82	唐晓群	湖南省环境保护厅科技处副处长
83	柴田	湖南省环境保护厅环保产业协会副秘书长
84	王大力	广东省环境保护厅监测科技处副处长
85	钟伟青	广东省环境保护厅宣教交流处副处长
86	区军	广东省环保产业协会副秘书长
87	李雨	广东省环保产业协会助工
88	杨少峰	海南省国土环境资源厅调研员
89	陈小博	海南省国土环境资源厅副处长
90	茚爽	四川省环境保护厅宣传教育与对外合作处处长
91	李林	四川省环境保护厅对外合作中心主任
92	丁黎明	四川省环境保护对外经济合作服务中心
93	饶瑶	四川省环境保护厅宣传教育与对外合作处工程师
94	孙晓明	贵州省环境保护厅外事外经处处长
95	尹辉	贵州省环境工程评估中心主任
96	金方梅	贵州省环境国际合作中心
97	张基春	哈尔滨市环境保护局局党组书记

序号	姓名	机构和职务
98	高凤	哈尔滨市环境保护局对外合作处
99	张利祥	哈尔滨市国家环保科技产业园负责人
100	张大康	哈尔滨市环境宣教信息中心副主任
四、企业		
101	乔梁	江苏宜兴环保产业集团副总经理
102	周小康	江苏宜兴环保科技工业园生产力促进中心主任
103	吕瑞军	江苏五洲环保服务股份有限公司技术部长
104	梅正芳	江苏百纳环境工程有限公司董事长
105	于沁洁	江苏百纳环境工程有限公司
106	杨小毛	深圳市深港产学研环保工程技术股份有限公司董事长
107	张玉宏	深圳市瀚洋投资控股（集团）有限公司常务副总裁
108	凌建军	凌志环保股份有限公司董事长
109	刘颖慧	凌志环保股份有限公司投融资部总经理
110	贾大海	凌志环保股份有限公司总裁助理
111	王军	金州环境股份有限公司业务开发经理
112	刘莉	北京机电院高技术股份有限公司常务副总经理
113	陶冶	北京机电院高技术股份有限公司国际部经理助理
114	张振鹏	北控水务集团有限公司国际业务部副总经理
115	程光	鼎联控股有限公司CEO
116	韩清洁	新天地环境服务集团董事长
117	胡玖坤	新天地环境服务集团科技事业部部长
118	闫作良	新天地环境服务集团广西项目经理
119	苏黎燕	贵州德润环保产业公司总经理
120	朱红祥	广西博世科环保科技股份有限公司
121	宋海农	广西博世科环保科技股份有限公司
122	陈思益	南宁糖业股份有限公司生产总监
123	范翔	广西有色再生金属有限公司副总经理
124	李明	广西神州环保设施运营有限责任公司总经理
125	林金华	广西华鸿水务投资有限公司董事长
126	韦海建	广西华泰同益环保技术有限公司董事长
127	黄敏	广西鸿生源环保科技有限公司董事长
128	凌子琨	广西鸿生源环保科技有限公司
129	刘强	广西置高投资发展有限公司
130	随员	广西置高投资发展有限公司
131	郑斌	桂林正翰科技开发有限责任公司
132	施昌文	广西绿城环境工程技术有限公司总经理
133	裴恒信	东莞恒威新能源环境技术有限公司总经理

序号	姓名	机构和职务
134	裴志翔	东莞恒威新能源环境技术有限公司经理
135	孙一兵	广西普华科技有限公司总经理
136	史旭中	广西泰德环保有限公司总经理
137	林何兰	广西泰德环保有限公司
138	马齐佳	广西城投广庆环保有限公司执行董事
139	冯军	广西长润环境工程有限公司总经理
140	刘凯	广西神州立方环境资源有限责任公司总经理
141	笪雅平	南宁市江山多娇环保科技有限责任公司总经理
142	莫爱群	南宁市江山多娇环保科技有限责任公司助理
143	曹传东	广西南宁东和新赢环保技术有限公司
144	周丹	北控水务广西公司副总经理
145	严红兵	广西绿城水务股份有限公司
146	刘荃	桂林市排水有限公司总工程师
五、研究机构		
147	曾贤刚	中国人民大学环境学院教授
148	虞慧怡	中国人民大学环境学院博士生
149	杨蕾	中国人民大学环境学院博士生
150	罗廷荣	广西大学副校长
151	王英辉	广西大学副院长
152	黄闻宇	广西大学讲师
六、国际组织、国际合作伙伴		
153	朴英雨	联合国环境规划署亚太办公室主任
154	许延根	亚洲开发银行东亚局副局长
155	陈杰瑞	亚洲开发银行大湄公河次区域环境管理中心专家
156	萨拉特·瑞拉瓦纳	亚洲开发银行自然资源管理高级专家
157	克劳迪娅·沃瑟	德国国际合作机构（GIZ）项目经理
158	李楠	世界自然基金会（WWF）高级项目官员
159	张文娟	联合国环境规划署驻华代表处
160	于倩	大自然保护协会（TNC）政府关系经理
161	乐达·普马	中国－东盟中心新闻公关部主任
162	于莎	中国－东盟中心
七、东盟秘书处及成员国		
163	拉曼·勒楚马兰	东盟秘书处环境办公室主任
164	纳塔利娅·德洛芙	东盟秘书处环境办公室项目官员
165	尹金生	柬埔寨环境保护部副部长
166	龚孔	柬埔寨环境保护部副司长
167	褚颇·思维达	柬埔寨社会与环境基金会办公室副主任

序号	姓名	机构和职务
168	达纳·卡塔库素玛	印度尼西亚环境保护部长助理（副部长）
169	奴玛妍缇	印度尼西亚环境部环境标准与评价司司长
170	瑞兹·苏格	印度尼西亚工商会常务主席
171	阿古斯·儒利	印度尼西亚环境部规划与对外合作司
172	阿克·图拉姆	老挝自然资源与环境部副部长
173	卡帕迪·卡曼内	老挝环境保护与推广司长
174	冯思·菲斯普	老挝自然资源与环境部东盟环境合作中心主任
175	瑞斌·尼克	马来西亚自然资源与环境部副部长
176	谭本侯	马来西亚自然资源与环境部政策咨询中心助理
177	阿卜杜勒·什克	马来西亚自然资源与环境部环境质控官员
178	莫德·斌·哈姆兹	马来西亚企业代表
179	特信	缅甸森林与环境保护部副部长
180	郝马特	缅甸森林与环境保护部副司长
181	罗思·温妮	缅甸森林与环境保护部官员
182	敏·圣	缅甸工商联合会执行委员会成员
183	张迪松	新加坡 Resourceco 亚洲有限公司集团业务发展总监
184	美雅	新加坡 LHT 控股有限公司常务董事
185	皮塔亚·普卡曼	泰国自然资源和环境部部长顾问
186	塔茹·普卡曼	泰国自然资源与环境保护部
187	荣耐·帕塔	泰国自然资源与环境保护部环境学家（教授）
188	潘若·菲克帕蒂	泰国工业联合会工业环境研究所主任
189	尤莎·凯特柴	泰国自然资源与环境保护部国家环保局办公室主任
190	杰瑞·提帕蒙	泰国自然资源与环境保护部环境学家（教授）
191	贝芙·克萨瓦	泰国自然资源与环境保护部环境学家（教授）
192	侬格瑞·伊莎诺	泰国自然资源与环境保护部环境学家（教授）

八、工作人员名单

序号	姓名	机构和职务
193	彭宾	中国－东盟环境保护合作中心东盟合作处处长
194	李博	中国－东盟环境保护合作中心
195	丁士能	中国－东盟环境保护合作中心
196	汉春伟	中国－东盟环境保护合作中心
197	王语懿	中国－东盟环境保护合作中心
198	刘平	中国－东盟环境保护合作中心
199	覃宪军	广西壮族自治区环境保护厅
200	龙月梅	广西壮族自治区环境保护厅
201	田劲	广西壮族自治区环境保护厅
202	王庆波	广西壮族自治区环境保护厅厅司机
203	熊建华	广西壮族自治区环境保护厅项目办

序号	姓名	机构和职务
204	翁永艳	广西壮族自治区环保厅项目办
205	曹胜平	广西壮族自治区环保厅项目办
206	周东	广西壮族自治区环保厅项目办
207	陈薇	广西壮族自治区环保厅项目办
208	韦书凯	广西壮族自治区环保厅项目办
209	徐竟甯	广西壮族自治区环保厅项目办
210	刘莉莎	广西壮族自治区环保厅项目办
211	黄勇	广西壮族自治区环境监测站副站长
212	韦夏妮	广西壮族自治区环保宣教中心
213	蒙树贵	广西壮族自治区环境保护宣传教育中心
214	陈芸	广西壮族自治区环境保护宣传教育中心
215	葛丽妮	广西壮族自治区环境保护科学研究院
216	卓小芬	广西壮族自治区环境保护科学研究院
217	苏琦	广西大学陪同翻译
218	易彬祺	广西速记协会
219	黄丽	广西速记协会
220	陈延军	同传
221	许达春	同传
222	米建丰	同传设备
223	张伟	同传设备
224	王啸峰	同传设备

ASEAN-China Environmental Cooperation Forum 2013

"Building up Partnership for Regional Green Transformation"

4–5 September 2013，Guilin，China

List of Participants

No.	Name	Organization and Title
ASEAN Secretariat		
1	Raman Letchumanan	Head of Environment Division，ASEAN Secretariat
2	Natalia Derodofa	Technical Officer of Environment Division，ASEAN Secretariat
Cambodia		
3	Yin Kimsean	Secretary of State，Ministry of Environment，Cambodia
4	Sem Sundara	Director of International Cooperation and ASEAN Affairs Department，Ministry of Environment，Cambodia
5	Ngoun Kong	Deputy Director General，Ministry of Environment，Cambodia
6	Chuop Sivutha	Vice Chief of Social and Environmental Endowment Fund Office，Ministry of Environment，Cambodia
Indonesia		
7	Dana A. Kartakusuma	Assistant Minister，Global Environment，Ministry of Environment，Indonesia
8	Nurmayanti	Head of Division，Management for Standardization and Environmental Evaluation，Ministry of Environment，Indonesia
9	Riza Suarga	Chairman of Permanent Committee of Sustainable Consumption and Production，Indonesian Chamber of Commerce and Industry

No.	Name	Organization and Title
10	Agus Rusly	Head of Sub Division Non UN Bodies，Division for Multilateral Cooperation，Bureau for Planning and International Cooperation，Ministry of Environment，Indonesia
Lao PDR		
11	Akhom Tounalom	Vice-Minister，Ministry of Natural Resources and Environment，Lao PDR
12	Khampadith Khammounheuang	Director General，Department of Environmental Quality and Promotion，Ministry of Natural Resources and Environment，Lao PDR
13	Phonethip Phetsomphou	Director of ASEAN Cooperation on Environment，Ministry of Natural Resources and Environment，Lao PDR
Malaysia		
14	Abdul Rahim Bin Haji Nik	Deputy Secretary General，Ministry of Natural Resources and Environment，Malaysia
15	Tan Beng Hoe	Principal Assistant Secretary，Ministry of Natural Resources and Environment，Malaysia
16	Abdul Aziz Chik	Environmental Control Officer，Department of Environment，Ministry of Natural Resources and Environment，Malaysia
17	Mohd Hafiz Tarmizi Bin Hamzah	Safety，Health & Environment Manager，Percetakan Nasional Malaysia Berhad
Myanmar		
18	Thet Thet Zin	Deputy Minister，Ministry of Environmental Conservation and Forestry，Myanmar
19	Hla Maung Thein	Deputy Director General，Environmental Conservation Department，Ministry of Environmental Conservation and Forestry，Myanmar
20	Rosy Ne Win	Staff Officer，Ministry of Environmental Conservation and Forestry，Myanmar
21	Min Thein	Executive Committee Member，The Republic of The Union of Myanmar Federation of Chambers of Commerce and Industry
Singapore		
22	Zhang Disong	Group Business Development Director，Resourceco Asia Pet Ltd.，Singapore
23	May Yap Mui Kee	Executive Director，LHT holdings Ltd.，Singapore

No.	Name	Organization and Title
Thailand		
24	Pithaya Pookaman	Advisor to Minister of Natural Resources and Environment, The Ministry of Natural Resources and Environment of Thailand
25	Teruko Pookman	Natural Resources and Environment, The Ministry of Natural Resources and Environment of Thailand
26	Rungnapar Pattanavibool	Environmentalist, Professional level, The Ministry of Natural Resources and Environment of Thailand
27	Panrat Phechpakdee	Director of the Industrial Environment Institute, The Federation of Thai Industries
28	Usa Kiatchaipipat	Director of the Office of National Environment Board, The Ministry of Natural Resources and Environment of Thailand
29	Jarinporn Tippamongkol	Environmentalist, Professional level, The Ministry of Natural Resources and Environment of Thailand
30	Pavich Kesavawong	Environmentalist, Professional level, The Ministry of Natural Resources and Environment of Thailand
31	Nongrat Issaro	Environmentalist, Professional level, The Ministry of Natural Resources and Environment of Thailand
China		
32	Li Ganjie	Vice-Minister, Ministry of Environmental Protection of China
33	Lan Tianli	Vice President, Guangxi Zhuang Autonomous Region People's Government
34	Huang Wuhai	Vice Secretary, Guangxi Zhuang Autonomous Region People's Government
35	Wei Jiang	Director of Division, General Office of People's Government of Guagnxi
36	Liang Mian	General Office of People's Government of Guangxi
37	Li Zongzhan	General Office of People's Government of Guangxi
38	Tan Qingrui	Director General, Department of Environmental Protection of Guangxi, China
39	Song Xiaozhi	Deputy Director, Department of International Cooperation, Ministry of Environmental Protection of China
40	Zhang Tianhua	Deputy Director, Department of Planning and Finance, Ministry of Environmental Protection of China
41	Xia Guang	Director, Policy Research Center for Environment and Economy, Ministry of Environmental Protection of China
42	Guo Jing	Acting Director General, CAEC, Ministry of Environmental Protection of China

No.	Name	Organization and Title
43	Zhou Guomei	Deputy Director General，CAEC，Ministry of Environmental Protection of China
44	Zhong Bing	Deputy Director General，Department of Environmental Protection of Guangxi，China
45	Jian Xingchao	Deputy Director General，Department of Environmental Protection of Guangxi，China
46	Sun Xuefeng	Director，Division of Asian Affairs，Ministry of Environmental Protection of China
47	Tu Jing	Department of Mechanic，Electronic，Ministry of Finance，China
48	Zhou Zhenheng	Deputy Director，International Finance Department of China Development Bank
49	Zheng Weibo	Ministry of Environmental Protection of China
50	Kang Yun	Ministry of Environmental Protection of China
51	Zhu Bingeng	Division of Asian Affairs，Ministry of Environmental Protection of China
52	Hong Shaoxian	Director，Division of Education and Communications，Education and Communications Centre，Ministry of Environmental Protection of China
53	Wang Jialian	Secretary General，Wastewater Control Committee，China Association of Environmental Protection Industry
54	Yu Yunjiang	Deputy Director，South China Institute of Environmental Science，Ministry of Environmental Protection of China
55	Li Liping	Deputy Director，Policy Research Center for Environment and Economy，Ministry of Environmental Protection of China
56	Xiao Junxia	Assistant Researcher，Policy Research Center for Environment and Economy，Ministry of Environmental Protection of China
57	Wang Huijie	Assistant Professor，Academy of Environmental Planning，Ministry of Environmental Protection of China
58	Jia Xiuqin	Environmental Certification Centre，Ministry of Environmental Protection of China
59	Chen Ying	Environmental Development Centre，Ministry of Environmental Protection of China
60	Liang Peng	Chief Engineer，Appraisal Centre for Environment & Engineering，Ministry of Environmental Protection of China
61	Huang Zhengguang	South China Institute of Environmental Science，Ministry of Environmental Protection of China

No.	Name	Organization and Title
62	Zhang Yeling	Project Manager，China Association of Environmental Protection Industry
63	Zhou Pingshun	Director of Office，Department of Environmental Protection of Guangxi
64	Huang Ke	Department of Environmental Protection of Guangxi
65	Su Fnagbin	Investigator，Division of Planning and Finance，Department of Environmental Protection of Guangxi
66	Hu Yongdong	Director，Division of Science，Technolosy and Standards，Department of Environmental Protection of Guangxi
67	Feng Jianhua	Director，Division of Ecology，Department of Environmental Protection of Guangxi
68	Pan Guoyao	Deputy Director，Division of Ecology，Department of Environmental Protection of Guangxi
69	Li Haixiang	Division of Ecology，Department of Environmental Protection of Guangxi
70	Tan Liang	Director，Scientific Research Academy of Guangxi Environmental Protection，China
71	Guo Jianqiang	Deputy Director，Scientific Research Academy of Guangxi Environmental Protection，China
72	Zeng Guangqing	Deputy Director General，Scientific Research Academy of Guagnxi Environmental Protection
73	Liang Yali	Deputy Director，Environmental Publicity & Education Center of Guangxi
74	Huang Fuping	Deputy Secretary General，Association of Environmental Protection Industry of Guangxi
75	Liu Bin	Chief Engineer，Department of Oceanic Administration of Guangxi
76	Pan Wenfeng	Deputy Director General，Development and Reform Commission of Guangxi
77	Meng Qipeng	Director of Division，Development and Reform Commission of Guangxi
78	Tan Xiuqun	Deputy Director of Division，Committee of Industry and Information Technology of Guangxi
79	Zhang Wenjun	Deputy Director General，Department of Land and Resources of Guangxi
80	Huang Yong	Deputy Director General，Department of Forestry of Guangxi
81	Huang Xuexia	Department of Water Resources of Guangxi

No.	Name	Organization and Title
82	Shu Qi	Deputy Director of Division，Department of Commerce of Guangxi
83	Huang Yan	Deputy Secretary General，Nanjing Municipal Government，Guangxi
84	Liu Hongwu	Deputy Mayor，Beihai Municipal Government，Guagnxi
85	Ye Changmao	Beihai Municipal Government，Guangxi
86	Lu Qinhua	Deputy Mayor，Qinzhou Municipal Government，Guangxi
87	Zhou Wei	Deputy Mayor，Guilin Municipal Government，Guangxi
88	Wu Zhiquan	Assistant Mayor，Baise Municipal Government，Guangxi
89	Chen Weigang	Secretary General，Environment Protection Bureau of Nanning，Guangxi
90	Gan Jinglin	Director General，Environment Protection Bureau of Liuzhou，Guangxi
91	Song Yi	Director General，Environment Protection Bureau of Beihai，Guangxi
92	Wu Fuan	Drector General，Environment Protection Bureau of Wuzhou，Guangxi
93	Tan Xiansheng	Director General，Environment Protection Bureau of Hechi，Guangxi
94	Yu De	Director General，Environment Protection Bureau of Laibin，Guangxi
95	Gong Chongyi	Director General，Environment Protection Bureau of Yulin，Guangxi
96	Su Yeqing	Director General，Environment Protection Bureau of Hezhou，Guangxi
97	Wei Jiajie	Director General，Environment Protection Bureau of Chongzuo，Guangxi
98	Tan Zhijian	Director General，Environment Protection Bureau of Baise，Guangxi
99	Wan Litao	Director General，Environment Protection Bureau of Fangchenggang，Guangxi
100	Fu Jincheng	Director General，Environment Protection Bureau of Qinzhou，Guangxi
101	Chu Min	Director General，Environment Protection Bureau of Guilin，Guangxi
102	Wu Guanghui	Director General，Environment Protection Bureau of Guigang，Guangxi
103	Zhao Xiangru	Deputy Investigator，Tianjin Municipal Environmental Protection Bureau，China

No.	Name	Organization and Title
104	Xing Meinan	Engineer，Tianjin Municipal Environmental Protection Bureau，China
105	Sun Qingmin	Vice Counselor，Heilongjiang Environmental Protection Department，China
106	Bu Ping	Director of International Cooperation Division，Heilongjiang Environmental Protection Department，China
107	Shi Min	Deputy Director of Division，Shanghai Municipal Environmental Protection Bureau，China
108	Jiang Chengyu	Director of Division，Jiangsu International Cooperation Center of Environmental Economy and Technology，China
109	Yu Jiangshan	Jiangsu International Cooperation Center of Environmental Economy and Technology，China
110	Tang Xiaoqun	Deputy Director of Science and Technology Division，Hunan Environmental Protection Department，China
111	Chai Tian	Deputy Secretary-General，Association of Environmental Protection Industry，Hunan Environmental Protection Department，China
112	Wang Dali	Deputy Director，Monitoring Science and Technology Division，Guangdong Environmental Protection Department，China
113	Zhong Weiqing	Deputy Director，Publicity Education and Exchange Division，Guangdong Environmental Protection Department，China
114	Qu Jun	Deputy Secretary General，Guangdong Association of Environmental Protection Industry
115	Li Yu	Assistant Engineer，Guangdong Association of Environmental Protection Industry
116	Zhang Xinfang	Chief engineer，Department of Land Environment & Resource of Hainan Province，China
117	Yang Shaofeng	Investigator，Department of Land Environment & Resource of Hainan Province，China
118	Chen Xiaobo	Deputy Director of Division，Department of Land Environment & Resource of Hainan Province，China
119	Mao Shuang	Director of Publicity Education and Cooperation Division，Sichuan Environmental Protection Department，China
120	Li Lin	Director of Cooperation Center，Sichuan Environmental Protection Department，China
121	Ding Liming	Cooperation Center，Sichuan Environmental Protection Department，China

No.	Name	Organization and Title
122	Rao Yao	Engineer，Publicity Education and Cooperation Division，Sichuan Environmental Protection Department，China
123	Zhai Chunbao	Deputy Director General，Guizhou Environmental Protection Department，China
124	Sun Xiaoming	Director of Foreign Affairs Division，Guizhou Environmental Protection Department，China
125	Yin Hui	Guizhou Environmental Engineering Assessment Center
126	Jin Fangmei	Guizhou Environmental International Cooperation Center
127	Wang Lianshe	Deputy Director General，Xinjiang Department of Environmental Protection，China
128	Zhang Jichun	Secretary-General，Harbin Environmental Protection Department，China
129	Gao Feng	Division of Cooperation，Harbin Environmental Protection Department，China
130	Zhang Lixiang	Director，National Environmental Protection & Technology Industry Park in Harbin，China
131	Zhang Dakang	Director of Environmental Publicity and Education Information Center of Harbin，China
132	Qiao Liang	Deputy Manager General，Yixing Environmental Protection Industry Group，Jiangsu Province
133	Zhou Xiaokang	Director，Productivity Promotion Center，Yixing Environmental Protection Science & Technology Industry Park
134	Lv Ruijun	Director of Technology Division，Jiangsu Wuzhou Environmental Service Incorporated Company
135	Mei Zhengfang	Chairman，Jiangsu Baina Envieonmental Engineering Co. Ltd.
136	Yu Qinjie	Jiangsu Baina Envieonmental Engineering Co. Ltd.
137	Yang Xiaomao	Chairman，Shenzhen-Hong Kong Institute of Industry，Education & Research Environment Protection Engineering Technique Co. Ltd.
138	Zhang Yuhong	Executive Vice President，Shenzhen Hanyang Investiment Holding（Group）Co.，Ltd.
139	Ling Jianjun	Chairman，Lingzhi Environmental Protection Co.，Ltd.
140	Liu Yinghui	Manager General，Investment and Financing Division，Lingzhi Environmental Protection Co.，Ltd.
141	Jia Dahai	Assistant President of Lingzhi Environmental Protection Co.，Ltd.

No.	Name	Organization and Title
142	Wang Jun	Manager General of Business Development Department，Golden State Environment Corporation
143	Liu Li	Deputy Manager General，BMEI Co.，Ltd.
144	Tao Ye	Assistant Manager，International Department，BMEI Co. Ltd
145	Zhang Zhenpeng	Vice Manager General，International Business Division，Beijing Enterprises Water Group Limited
146	Cheng Guang	CEO，Tri-Tech Holding Inc.
147	Han Qingjie	Chairman，New World Environmental Service Group
148	Hu Jiukun	Director，Division of Science and Technology，New World Environmental Service Group
149	Yan Zuoliang	Manager of Guangxi Project，New World Environmental Service Group
150	Su Liyan	Deputy Manager General，Guizhou Derun Environmental Protection & Technology CO.，Ltd.
151	Zhu Hongxiang	Guangxi Bossco Environmental Protection Technology Co.，Ltd.
152	Song Hainong	Guangxi Bossco Environmental Protection Technology Co.，Ltd.
153	Chen Siyi	Production Director，Nanning Sugar Industry Co.，Ltd.
154	Fan Xiang	Deputy Manager General，Guangxi Nonferrous Recycle Metals Co.，Ltd.
155	Li Ming	Manager General，Guangxi Shenzhou Environment Industry Holding Co.，Ltd.
156	Lin Jinhua	Chairman，Guangxi Huahong Water Investment Co.，ltd.
157	Wei HaiJian	Chairman，Guangxi Huataitongyi Environmental Protection Technology Co.，Ltd.
158	Huang Min	Chairman，Guangxi Hongshenyuan Environmental Protection Science & Technology Ltd.
159	Ling Zikun	Guangxi Hongshenyuan Environmental Protection Science & Technology Ltd.
160	Liu Qiang	Guangxi Zhigao Investment and Development Co.，Ltd.
161	Zheng Bin	Guilin Zhenghan Science and Technology Development Co.，ltd.
·162	Shi Changwen	Manager General，Guangxi Lvcheng Environmental Engineering Technology Co.，Ltd.
163	Pei Xinheng	Manager General，Dongguan Hengwei New Energy and Environmental Technology Co.，Ltd.
164	Pei Zhixiang	Manager，Dongguan Hengwei New Energy and Environmental Technology Co.，Ltd.

No.	Name	Organization and Title
165	Sun Yibing	Manager General，Guangxi Puhua Science & Technology Co.，Ltd.
166	Shi Xuzhong	Manager General，Guangxi Tide Environmental Protection Co.，Ltd.
167	Lin Helan	Deputy，Manager General，Guangxi Tide Environmental Protection Co.，Ltd.
168	Ma Qijia	Guangxi Chengtouguangqing Environmental Protection Co，Ltd.
169	Feng Jun	Manager General，Guangxi Changrun Environmental Engineering Co.，Ltd.
170	Liu Kai	Guangxi Shenzhoulifang Environmental Resources Co.，Ltd.
171	Da Yaping	Manager General，Nanning JSDJ Environment Protection Science & Technology Co.，Ltd.
172	Mo Aiqun	Assistant Manager，Zhihong Environmental Science & Technology Co.，Ltd.，Guigang City，Guangxi
173	Cao Chuandong	Guagnxi Nanning DHXY Entech Co.，Ltd.
174	Zhou Dan	Deputy Manger General，Beijing Enterprises Water Group Limited Guangxi Co.
175	Yan Hongbing	Guangxi Lvcheng Water Co.，Ltd.
176	Liu Quan	Chief Engineer，Guilin Wastewater Co.，Ltd.
177	Zeng Xiangang	Professor，School of Environment and Natural Resources，Renmin University of China
178	Yu Huiyi	Student，School of Environment and Natural Resources，Renmin University of China
179	Yang Lei	Student，School of Environment and Natural Resources，Renmin University of China
180	Luo Tingrong	Vice President，Guangxi University
181	Wang Yinghui	Dean of College，Guangxi University
182	Huang Wenyu	Lectuere，Guangxi University

International Organizations

No.	Name	Organization and Title
183	Young-Woo Park	Regional Director and Representative，UNEP Regional Office for Asia and the Pacific
184	Edgar Ang Cua	Deputy Director General，East Asia Department，Asian Development Bank
185	Jerry Chen	Asian Development Bank
186	Sanath Ranawana	Asian Development Bank
187	Claudia Walther	Project Manager，GIZ
188	Li Nan	Senior Programme Officer，World Wide Fund for Nature（WWF）

No.	Name	Organization and Title
189	Zhang Wenjuan	Representative，UNEP China Office
190	Yu Qian	Government Relations Manger，The Nature Conservancy（TNC）
191	Lada Phuma	Director of Information and Public Relations Department，ASEAN-China Centre
192	Yu Sha	ASEAN-China Centre

Secretariat of the Forum

No.	Name	Organization and Title
193	Peng Bin	Director of Division，CAEC
194	Li Bo	CAEC
195	Ding Shineng	CAEC
196	Han Chunwei	CAEC
197	Wang Yuyi	CAEC
198	Liu Ping	CAEC
199	Tan Xianjun	Department of Environmental Protection of Guangxi
200	Long Yuemei	Department of Environmental Protection of Guangxi
201	Tian jin	Department of Environmental Protection of Guangxi
202	Wang Qingbo	Department of Environmental Protection of Guangxi
203	Xiong Jianhua	Project Office，Department of Environmental Protection of Guangxi
204	Wong Yongyan	Project Office，Department of Environmental Protection of Guangxi
205	Cao Shengping	Project Office，Department of Environmental Protection of Guangxi
206	Zhou Dong	Project Office，Department of Environmental Protection of Guangxi
207	Chen Wei	Project Office，Department of Environmental Protection of Guangxi
208	Wei Shukai	Project Office，Department of Environmental Protection of Guangxi
209	Xu Jingning	Project Office，Department of Environmental Protection of Guangxi
210	Liu Lisha	Project Office，Department of Environmental Protection of Guangxi
211	Huang Yong	Deputy Director，Environmental Monitoring Station of Guangxi
212	Wei Xiani	Environmental Publicity & Education Center of Guangxi
213	Meng Shugui	Environmental Publicity & Education Center of Guangxi

No.	Name	Organization and Title
214	Zhong Guwen	Environmental Publicity & Education Center of Guangxi
215	Ge Lini	Scientific Research Academy of Guangxi Environmental Protection，China
216	Zhuo Xiaofen	Scientific Research Academy of Guangxi Environmental Protection，China
217	Su Qi	Interpreter of Guangxi University
218	Yi Binqi	Guagnxi Stenography Association
219	Huang Li	Guagnxi Stenography Association
220	Chen Yanjun	Simultaneous interpretater
221	Xu Dachun	Simultaneous interpretater
222	Mi Jianfeng	Equipment for simultaneous interpretation
223	Zhang Wei	Equipment for simultaneous interpretation
224	Wang Xiaofeng	Equipment for simultaneous interpretation